Dreamweaver CS6中文版多功能教材

刘小伟　薛思奇　刘　飞　编著

电子工业出版社

Publishing House of Electronics Industry

北京·BEIJING

内 容 简 介

本书以一个名为"迪之化工"的网站建设为主线，全方位介绍了Dreamweaver CS6的静态网页制作功能和实际应用技巧。全书系统介绍了Dreamweaver CS6的基础知识、站点的创建与管理、网页文本处理、网页图像处理、表格及其在网页布局中的应用、网页链接设置、网页模板及应用、应用图层、应用框架、处理网页多媒体对象、使用表单、应用行为、站点测试、站点发布和站点管理等内容，由浅入深地指导读者掌握使用Dreamweaver建设静态网站就业技能。书中所有实例都围绕"迪之化工"展开，而每个具体的制作实例既包含了软件的相关知识点，又提供了大量的网页设计与制作方法，还融合实用的软件应用技巧。

本书内容翔实、通俗易懂，实例丰富、可操作系统性强，图文并茂、阅读轻松，可作为广大网站从业人员和网页设计爱好者的学习、工作参考用书，也适合作为各级各类学校和社会短训班的教材。

未经许可，不得以任何方式复制或抄袭本书之部分或全部内容。
版权所有，侵权必究。

图书在版编目（CIP）数据

Dreamweaver CS6中文版多功能教材 / 刘小伟，薛思奇，刘飞编著. —北京：电子工业出版社，2013.2
ISBN 978-7-121-19442-9

Ⅰ. ①D… Ⅱ. ①刘… ②薛… ③刘… Ⅲ. ①网页制作工具—教材 Ⅳ. ①TP393.092

中国版本图书馆CIP数据核字（2013）第010352号

策划编辑：吴　源
责任编辑：徐云鹏　　特约编辑：张燕虹
印　　刷：涿州市京南印刷厂
装　　订：涿州市京南印刷厂
出版发行：电子工业出版社
　　　　　北京市海淀区万寿路173信箱　邮编　100036
开　　本：787×1092　1/16　印张：18.25　字数：467千字
印　　次：2013年2月第1次印刷
定　　价：39.00元

凡所购买电子工业出版社图书有缺损问题，请向购买书店调换。若书店售缺，请与本社发行部联系，联系及邮购电话：（010）88254888。
质量投诉请发邮件至zlts@phei.com.cn，盗版侵权举报请发邮件至dbqq@phei.com.cn。
服务热线：（010）88258888。

前　　言

  Internet是一个全球性的计算机广域网，它把分布在世界各地的数量巨大的计算机或计算机网络连接在一起。Internet改变了人类的工作、学习、生活和相互交流的方式，它不但是一个通信和交流的平台，同时也是一个不错的宣传、展示和交易的平台。目前，绝大多数企事业单位均在网上设立了自己的网站，并获得巨大效益。

  Dreamweaver是Adobe公司推出的一款集网页制作和管理网站于一体的所见即所得网页编辑器，是一套针对专业网页设计人员特别设计的可视化网页开发工具。使用Dreamweaver，可以轻而易举地制作出跨平台、跨浏览器的充满动感的网页。Dreamweaver与Flash、Firework并称为"网页制作三剑客"。

  为了满足广大网页设计制作人员和其他网页设计爱好者的迫切需求，本书以课程的形式组织学习内容，全书共安排了10课，分别介绍了Dreamweaver CS6的基础知识、站点的创建与管理、网页文本处理、网页图像处理、表格及其在网页布局中的应用、网页链接设置、网页模板及应用、应用图层、应用框架、处理网页多媒体对象、使用表单、应用行为、站点测试、站点发布和站点管理等内容。全书围绕"迪之化工"网站的建设，引导学习者由简到繁、由易到难、循序渐进地完成一系列"任务"，从而得到清晰的思路、方法和知识的脉络。

  本书第1课介绍了网站与网页的相关概念、网页设计的基本要求、网站创建的一般流程、常用网页制作软件、Dreamweaver CS6的新增功能和Dreamweaver CS6的工作环境等预备知识。通过这些内容的学习，既可以快速熟悉Dreamweaver CS6的操作环境和基本操作方法，快速掌握软件的一些通用操作，又能了解网站建设和网页设计制作的基本要求。

  在第2课至第11课中，通过一个较为完整的名为"迪之化工"的网站实例来详细介绍Dreamweaver CS6的具体功能及其应用技巧。各课的实例都围绕"迪之化工"站点的建设来展开，通过每个实例的学习和实际上机操作训练，既能快速学会相应的知识点和技能项目，又能逐步领会网页制作的要领。同时，在介绍网页制作过程时，还通过注意、提示和技巧等小栏目拓展相关知识，突出实用技巧。此外，在每课的内容设计上，本书遵循了科学性、实用性、技巧性、可操作性等原则，在注重软件知识体系的同时，强调为就业服务。

  需要提醒读者注意的是，网页设计是伴随着计算机互联网络的产生而形成的新课题。网页设计者应以所处时代能获取的技术和艺术经验为基础，依照设计目的和要求对网页的构成元素进行艺术规划。一个网站建设，综合了策划创意、平面设计、网络工程、时间空间处理等多个方面。无论是个人主页还是企业网站都不能停留在内容发布的最基本层面上，应重视设计理念和设计美学。因此，网页要做到识别性强，形象品质好，设计理念清晰，色彩统一和谐，定位准确。其中最重要的是，要遵循用户第一、主线突出的原则。网页设计虽然并非一项十分高深的技术，但设计的网页应做到简单易读、网站导航清晰、风格统一、页面容量小。

本书内容侧重于实用性。为了便于读者阅读和理解，使正文、程序、图表等保持一致，故对书中不符合国家标准的变量（斜体）、图形及符号等未做改动；为了与实际对话框等中的选项保持一致，对下划线、点画线等未做改动。

　　本书由刘小伟、薛思奇、刘飞编著。此外，朱琳、温培和、余强、郭军、吕静、陈德荣、熊辉等也参加了本书实例制作、校对、排版等工作，在此表示感谢。由于编写时间仓促，编者水平有限，书中疏漏和不妥之处在所难免，欢迎广大读者和同行批评指正。

编著者

　　为方便读者阅读，若需要本书配套资料，请登录华信教育资源网www.hxedu.com.cn，在上方"下载"频道底部的"图书资料"栏目免费下载。也可借助"课件搜索"，选择"课件搜索"，"课件名"，输入书名找到下载文件。

目 录

第1课 Dreamweaver CS6快速入门 ··· 1
- 1.1 网站和网页的基本概念 ·· 2
- 1.2 网页设计的基本要求 ··· 9
- 1.3 网站创建的一般流程 ··· 10
- 1.4 常用网页制作软件 ·· 11
- 1.5 Dreamweaver CS6的新增和增强功能 ·· 12
- 1.6 Dreamweaver CS6的工作环境 ··· 13
- 课后练习 ·· 24

第2课 创建和管理站点 ·· 25
- 2.1 实例：配置Windows服务器（架设网页开发平台） ······························· 26
- 2.2 实例：创建"迪之化工"站点（站点创建） ·· 33
- 2.3 实例：编辑"迪之化工"站点（站点编辑和管理） ···································· 36
- 2.4 实例：管理"迪之化工"站点文件（站点文件管理） ································ 42
- 课后练习 ·· 50

第3课 文本处理 ·· 51
- 3.1 实例："总裁致词"页面（输入和编辑文本） ·· 52
- 3.2 实例："企业文化"页面（用CSS美化文本） ··· 60
- 课后练习 ·· 76

第4课 图像处理 ·· 77
- 4.1 实例："产品概览"页面（插入图像） ·· 78
- 4.2 实例："迪之风采"页面（图像属性设置） ·· 88
- 课后练习 ·· 96

第5课 表格及其在布局中的应用 ··· 97
- 5.1 实例："人才需求信息"页面（创建和编辑表格） ···································· 98
- 5.2 实例："公司简介"页面（表格属性） ·· 112
- 5.3 实例："迪之化工"首页（表格布局网页） ·· 118
- 课后练习 ·· 134

第6课 链接和模板 ··· 135
- 6.1 实例："首页"链接设置（创建链接） ·· 136
- 6.2 实例：二级页面模板（创建模板） ··· 145
- 6.3 实例：制作基于模板的网页（应用模板） ·· 157

课后练习 164

第7课　图层和框架 165
　7.1　实例："招聘流程"页面（AP Div元素及其应用） 166
　7.2　实例："新闻中心"页面（将AP Div元素转换为表格） 183
　7.3　实例："客户服务"页面（框架及其应用） 190
　　课后练习 198

第8课　多媒体对象处理 199
　8.1　实例：形象页（添加Flash动画） 200
　8.2　实例：完善首页和二级页面模板（设置影片属性） 202
　8.3　实例："企业视频"页面（FLV视频） 208
　8.4　实例：为"关于迪之"模板添加音乐（音频处理） 213
　8.5　实例："公司产品"页面（添加其他多媒体元素） 217
　　课后练习 222

第9课　表单和行为 223
　9.1　实例：制作"在线简历"页面（创建和设置表单） 224
　9.2　实例："明星产品"页面（行为及其应用） 240
　　课后练习 260

第10课　测试、发布和管理站点 261
　10.1　实例：测试"迪之化工"（站点测试） 262
　10.2　实例："迪之化工"的链接检查（检查链接） 266
　10.3　实例：上传"迪之化工"网站（发布网站） 270
　10.4　实例："迪之化工"站点文件管理（管理网站） 275
　10.5　实例："迪之化工"的维护（维护网站） 278
　　课后练习 284

第1课 Dreamweaver CS6 快速入门

本课知识结构

Dreamweaver CS6是Adobe（奥多比）公司于2012年最新推出的新一代设计开发软件套装软件Adobe Creative Suite 6（简称Adobe CS6）的主要组件之一。Dreamweaver主要用于进行网页设计与制作，并能构建出基于标准的网站，是目前全球最流行、最优秀的所见即所得网页编辑器。使用Dreamweaver CS6，可以轻而易举地制作出跨操作系统平台、跨浏览器的充满动感的网页，是制作网站和Web页，以及开发Web应用程序的理想工具。本课将学习网页设计的基础知识和Dreamweaver CS6的基本操作方法，知识结构如下：

就业达标要求

☆ 了解网站和网页的基本概念
☆ 熟悉网页设计的基本要求
☆ 了解网站开发的基本流程
☆ 了解常用网页制作软件
☆ 了解Dreamweaver CS6的新特性
☆ 熟练掌握Dreamweaver CS6的工作界面及主要面板

```
                          ┌ 网页和网站的概念
              ┌ 网站和网页基础 ┤ 网页的构成
              │              └ 网站和网页的相关术语
              │ 网页设计的要求
Dreamweaver 入门知识 ┤ 网站创建流程
              │ 网页制作工具
              │ Dreamweaver CS6 的新功能
              │                        ┌ 工作界面
              └ Dreamweaver CS6 的工作环境 ┤
                                       └ 主要面板
```

1.1 网站和网页的基本概念

网页是网站信息发布和表现的一种主要形式，上网浏览实际上就是通过浏览器观看网站中的网页。要设计网站、制作网页，需要深入了解网页和网站的特点，熟悉网页的构成元素，掌握网站和网页的基本概念。

1. 网页和网站

网页是一个存放在某处某台与Internet相连的计算机中的文件（也称为文档），网页经过网址（URL）来识别和存取，在浏览器中输入网址后，经过一段复杂而又快速的程序处理，网页文件会被传送到自己的计算机中，然后再通过浏览器来解释网页代码，便可以在屏幕上显示出网页的内容。文字和图片是构成网页的基本元素，部分网页中还包含有动画、音乐、程序等元素。

当移动鼠标指针到网页上的某个位置时，指针会变成一只小手（如图1-1所示），表明该位置是一个链接（也称为超链接、超级链接）。链接是网页设计的精华，通过链接，可以方便地访问到互联网上的许多相关页面，而不用输入难记的URL地址。链接在本质上属于一个网页的一部分，它是一种允许和其他网页或站点之间进行链接的元素，各个网页链接在一起后，才能真正构成一个网站。

网页实际上只是一个纯文本文件，它通过各式各样的标记对页面上的文字、图片、表格、声音等元素进行描述（例如字体、颜色、大小），而IE等浏览器则对这些标记进行解释并生成页面，形成人们平时看到的画面。要查看网页源文件的具体内容，可以在网页的空白处单击鼠标右键，从出现的快捷菜单中选择【查看源文件】选项，系统将打开"原始源"窗口，并在其中显示出网页的源代码文件内容，如图1-2所示。

图1-1　一个网页

图1-2　网页的源代码文件

网页（也称为Web页）一般是以htm或html为后缀的文件，俗称HTML（超文本标记语言）文件。不同的后缀，分别代表不同类型的网页文件，除htm或html文件外，还有以.shtml、.asp、.aspx、.vml、.jsp、.php、.perl、.cgi等为后缀的网页文件。

> **提示：** 网页按表现方式不同，可以分为动态网页和静态网页两大类。静态网页和动态网页并不是以网页中是否包含动态元素来区分的，而是针对客户端与服务器端是否发生交互而言的。凡是发生了交互的网页就是动态网页，而不发生交互的是静态网页。

第1课　Dreamweaver CS6快速入门

网页按在网站中的位置不同，网页分为主页和内页两类。主页又称首页，一般进入网站后看到的第一个页面就是主页，该页面通常在整个网站中起导航作用；而内页是指与主页相链接的与本网站相关的其他页面，即网站的内部页面。

网站是由成很多相互关联的网页所组成的一个整体。现实生活中的绝大多数信息，都能在网上查找到。网站的类型很多，常见的主要有综合类网站、新闻类网站、娱乐类网站、行业类网站、求职类网站、电子商务网站、专业资讯类网站、医疗类网站、文学艺术类网站等类型。网站由域名和网站空间构成，它是Internet上用于发布信息的地方。比如百度、腾讯、网易、MSN中文网、新浪、搜狐、雅虎等都是著名的门户网站。

网站一般由多个网页文件组成，是若干网页文件的集合。如图1-3所示为一个网站的部分文件和文件夹。

图1-3　一个网站的部分文件和文件夹

2．网页的构成元素

网页是由各种信息元素组成的。常见的元素有文本、图像、动画、视频、Logo、Banner、按钮、链接和版权信息等。

1）文本

文本是网页中的主要内容，也是一个网页传递具体信息的主要载体。网页文本如图1-4所示。设计网页时，应综合考虑文本的大小、颜色、段落、层次等属性。

2）图像

图像可以生动直观地提供各种信息。在网页中合理使用图像，既能产生一定的视觉冲击力，也能简化页面内容，传递那些用文字难以表达的信息，如图1-5所示。

图1-4　网页文本　　　　　　　　图1-5　网页图像

3）链接

链接是指页面对象之间的链接关系，将鼠标指针移动到设置有链接的对象（如文字、图片、标题、动画等）时，鼠标指针就会变成"👆"形，只需单击鼠标就能打开链接所指向的网页。链接既可以链接网站内部的页面和对象，也可以与其他网站链接。如图1-6所示为一个网页中的图片链接。

3

4）视频

随着宽带网的普及，网页中视频元素的应用也越来越广泛。如图1-7所示为网页中的一个视频元素。

图1-6 一个网页中的图片链接

图1-7 网页中的一个视频元素

5）音频

在网页中适当嵌入音频，可以充分显示网页的多媒体特性。特别是随着宽带网的普及，使得网络广播变为现实。如图1-8所示为直接在网页中播放MP3的一个页面。

6）按钮

按钮本质上也是一种链接，通过按钮的形式可以直观地提示浏览者可以进行的操作，图1-9中的"立即关注"链接就是一个用于提交搜索请求的按钮。

图1-8 直接在网页中播放MP3的一个页面

图1-9 网页按钮

7）动画

动画是使网页产生动感的重要元素，用于网页的动画文件一般采用GIF动画格式或Flash动画格式，如图1-10所示。

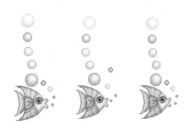

网页中的GIF动画的几帧画面

网页中的Flash动画

图1-10 网页动画

8）导航栏

导航栏是浏览网页时有效的指向标志，它相当于一个网站的目录。导航栏通过链接与站点中的网页或其他网站进行链接，从而快速切换到另一个栏目。导航栏如图1-11所示。导航栏既可使用文本导航的形式，也可以使用图片导航的形式。

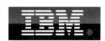

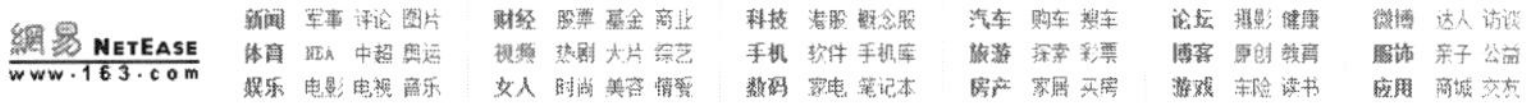

图1-11　导航栏

9）Logo

Logo是站点简洁的图形化标志，该标志可提供网站名称、英文网址、网站标志、网站理念等信息。如图1-12所示为几个网站的Logo。

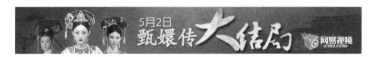

图1-12　Logo

10）Banner

Banner一般用于宣传网页内容，也称为广告条，其位置一般在Logo的右侧。Banner多为动画元素（GIF动画或Flash动画），其形状、色彩的感觉与整个页面的版式和色调相适应。如图1-13所示为1个Banner的效果图。

图1-13　1个Banner的效果图

11）版权信息

版权信息一般位于网页的最下方，用于申明网站的版权和归属权，如图1-14所示为“腾讯网”的版权信息标志。

Copyright © 2012 JRJ.COM All Rights Reserved. 版权声明

金融界所载文章、数据仅供参考，使用前务请仔细阅读法律声明，风险自负。

图1-14　版权信息

3. 网站和网页的相关术语

网页既是构成网站的基本元素，也是承载各种网站应用的平台。在学习网页设计和构建网站之前，必须了解一些基本的专业术语。

1）WWW

WWW（也称为Web、“万维网”或“环球网”）是一种基于超文本技术的交互式信息浏览检索工具。通过WWW可以在Internet上浏览、传送、编辑超文本格式的文件，并为用户提供一个很容易被掌握、方便浏览的图形化界面，是Internet上应用普遍、功能丰富且使用方法简单的一种信息服务。

2）IP地址

为了区别不同的站点，需要为每个站点分配一个唯一的地址，这个地址称为IP地址。IP地址是分配给主机的一个32位的二进制地址，由4个十进制字段组成，中间用小圆点隔开，如212.110.0.22。

IP地址由一个被称为Interknit的专门组织来进行分配，Interknit组织在各个地区都设有地区网络信息中心，其所做的工作就是为加入Internet的用户分配一个唯一的网络标识地址，以便Internet上的其他用户访问。在Internet中，一个主机可以拥有一个或多个IP地址，但不能将同一个IP地址分配给多个主机，否则会出现通信错误。IP地址被划分为5类，划分规则如下。

- A类：第1个字段的值在0～127之间，通常用于大型网络。
- B类：第1个字段的值在128～191之间，通常用于中型网络或网络管理器。
- C类：第1个字段的值在192～223之间，通常用于小型网络。
- D类：第1个字段的值在224～239之间，通常用于多点广播。
- E类：第1个字段的值在240～255之间，通常用于扩充备用。

3）URL地址

URL（统一资源定位器）也就是通常所说的网址，主要用来标记Internet中某一也是唯一的资源，以便在Internet中定位到某台计算机的指定文件。

URL从外观上看与域名相似，但在域名的前面又加上了资源类型，并且是将Internet提供的服务统一编址的系统。URL相当于Internet上的地址簿，通过URL，可以查找到任何主机中的文件、数据库、图像、新闻组等。URL一般由以下3个部分构成。

- 服务器标识符：通过选择服务器标识符，能够确定将要访问的服务器的类型，如"http：//"表示WWW服务器，"ftp：//"表示FTP服务器，"gopher：//"表示Gopher服务器等。
- 信息资源地址：信息资源地址是由两部分构成的。一是机器名称，如www.chinanews.com.cn用来指示资源所存在的机器；二是通信端口号，是连接时所使用的通信端口号。端口是Internet用来辨别特定信息服务用的一种软件标识，其设置范围是0～65535之间的整数，一般情况下使用的是标准端口号，可以不用写出。在需要特殊服务时会用到非标准端口号，这时就要写出，如http://www.chinanews.com.cn:80。常见的Internet提供服务的端口号，如HTTP的标准端口号为80，TELNET的标准端口号为23，FTP的标准端口号为21，等等。
- 路径：用于指明服务器中某个具体资源的位置，即资源在所在机器上的完整文件名，如http://www.adobe.com/cn/support/dreamweaver/等。

4）域名

IP地址不便于记忆，为此人们提出了一种新方法来代替这种数字，即"域名"。域名相当于主机的门牌号码，比如www.sina.com.cn中的cn代表中国，com代表商业网，sina代表新浪，www代表全球网，整个域名合起来就代表"新浪"网站。

任何网站的域名都是全世界唯一的，域名由固定的网络域名管理组织在全球进行统一管理。访问一个网站时，可以输入这个站点用数字表示的IP地址，也可以输入它的域名地址。输入一个域名地址时，域名服务器就会搜索其对应的IP地址，然后访问到该地址所表示的站点。为了保证域名系统的通用性，Internet中规定了一组正式、通用的标准域，其顶级域名中又包括组织域和地理域两种。

- 组织域：组织域指明了该网址所属的类型，其标识符及含义见表1-1。

第1课 Dreamweaver CS6快速入门

表1-1 组织域的标识符及含义

组织域	组织类型	组织域	组织类型
.com	营利性商业组织	.firm	商业或公司
.edu	科研或教育机构	.web	Web事务机构
.gov	政府机构	.nom	个人
.int	国际组织	.arts	文艺团体
.mil	军事机构	.org	非营利性商业组织
.net	网络组织	.name	个人或企业
.info	网络信息服务	.biz	商业领域

- 地理域：地理域指明了该域名对应的国家，一般采用两个字符的国家或地区代码来标识地理域，主要国家和地区的域代码见表1-2。

表1-2 主要国家和地区的域代码

国家和地区代码	国家和地区名	国家和地区代码	国家和地区名
au	澳大利亚	hk	中国香港
br	巴西	it	意大利
ca	加拿大	jp	日本
cn	中国	kr	韩国
de	德国	sg	新加坡
fr	法国	tw	中国台湾
uk	英国	us	美国

5）表单

表单在网页中负责进行数据采集，比如在一些交互网页中申请E-mail信箱、填写调查表、留言簿等，就需要用到表单，如图1-15所示为网页中的一个注册表单的示例。

6）HTML

静态网页在本质上一般是由HTML代码构成的。HTML是由一系列HTML标记符号组成的描述性文本，这些标记符号用于说明文字、图形、动画、声音、表格、链接等。HTML的结构包括头部（Head）、主体（Body）两大部分，其中头部描述的是浏览器所需的信息，而主体则包含所要说明的具体内容。

图1-15 注册表单

在Dreamweaver等可视化网页设计工具问世之前，网页设计全靠手工编写代码来完成。例如，要制作出如图1-16所示的只有一句话的简单网页，可以在记事本中编写如图1-17所示的代码。

如果使用Dreamweaver等可视化网页设计工具，只需在"文档"窗口中直接输入文字即可，如图1-18所示。可见，使用可视化网页设计工具在制作网页时相当直观、方便，并且容易上手，就像在Word中进行文本编辑一样。

图1-16　一个简单的网页　　　　　图1-17　网页源代码

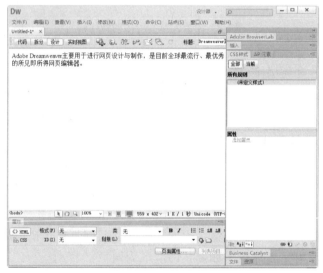

图1-18　在Dreamweaver中编辑由文本组成的页面

7）虚拟主机

网页制作完后，需要将构成网页的文件上传到能被访问者浏览的计算机上，以便供全世界的人分享。Internet中存放网页文件的空间，称为虚拟主机。虚拟主机主要通过特殊的软硬件技术，把一台计算机主机分成一台台"虚拟"的主机，每一台虚拟主机都具有独立的域名和IP地址（或共享的IP地址），具有完整的Internet服务器功能。在同一台硬件、同一个操作系统上，运行着为多个用户打开的不同的服务器程序，互不干扰；而各个用户拥有自己的一部分系统资源（IP地址、文件存储空间、内存、CPU时间等）。虚拟主机之间完全独立，在外界看来，每一台虚拟主机和一台独立主机的表现完全一样。

目前，国内有很多网络公司提供虚拟主机出租服务，很多网站提供的免费空间也是虚拟主机的一种形式。

8）HTTP协议

HTTP（超文本传输协议）是一种Internet上最常见的协议，用于传输超用文本标记语言编写的文件，即网页。通过这个协议，可以浏览网络上的各种信息，在浏览器上看到丰富多彩的文字与图片。

第1课　Dreamweaver CS6快速入门

9）FTP协议

FTP能在两个联网的计算机之间传输文件，它是Internet传递文件最主要的方法。使用匿名FTP，可以免费获取Internet丰富的资源。除此之外，FTP还提供登录、目录查询、文件操作及其他控制功能。

10）静态网页和动态网页

网页可分为静态网页和动态网页两种。所谓静态网页是指与其他系统分离，不能实时上传数据的网页；而动态网页则是指与其他系统衔接，能实时上传更新数据的网页。

静态网页的URL中不含"？"和输入参数，主要包括*.htm、*.html、*.shtml、*.txt、*.xml等格式的网页。动态网页的URL中一般含有"？"或输入参数，常见的有asp、php、perl、cgi等格式的网页。

11）发布

发布就是将制作好的网页上传到Internet上的过程。只有发布后的网页才能在Internet上浏览。网页上传常用工具有CuteFTP、LeapFTP、UploadNow等，利用这些工具可以方便直观地上传、下载文件，从而快速实现网页更新。例如，使用LeapFTP软件，输入上传网站的FTP服务器地址、用户名及密码后，就可连接上主机，左边窗口表示本地文件，右边窗口表示远程文件，只要用鼠标在两个窗口中拖动文件，就可实现文件上传与下载。

1.2　网页设计的基本要求

网页设计时，需要综合运用网络和多媒体技术来展现需要信息。设计内容具有开放性和灵活性的特点，也能随时增、减、补充、扩展和链接相关网站，还可以自主选择，实现资源和信息的共享，其基本设计要求如下。

(1) 网站的整体设计应有明确的目标，其内容定位合理；导航设计清晰，栏目切换方便。任何网站都要有一个明确的主题，整个网站要围绕这个主题展开。

(2) 在艺术性设计方面，应做到视觉效果良好，结构清晰完整；画面设计精美、朴实，布局得当，风格统一；画面有新意，突出主题，并能适当合理地使用动态效果。

(3) 网站的首页是网站的门面，是整个网站的形象的代表和基础，是网站内容的导航集成。首页设计是整个网站设计的关键，是包括美术风格、导航体系、栏目、版式、色彩、图像、动态效果等引导模块的最佳设计和组合。

(4) 网站的栏目页是对网站主要内容进行分类，区别表达不同内容。根据网站的需要，栏目页的设计要求与首页呼应，保持风格一致，但根据栏目内容采用不同于首页的方式来实现。

(5) 网站的内页是主要的承载网站信息的最终页面。内页设计在一般情况下是继承首页、栏目页或特定风格模板化的页面，设计要求不高，但要求链接准确、文字无误、图文并茂，并沿袭网页的风格。特殊要求的情况下也会采用创意或个性化的方式来实现。内容是整个网站的核心。在网站设计之前必须明确网站的内容安排。

(6) 下载速度要快。一般情况下，网页文件的容量不宜过大，要使网页上传后能有较快的下载速度。

1.3 网站创建的一般流程

使用Dreamweaver CS6既可以制作静态网页，也可以创建动态的交互式页面。网页制作是一个系统工程，涉及多方面的知识和技能。创建动态网站是当今网站设计的主流，下面简要介绍开发动态网站的一般流程。

1．规划站点

良好的规划，是创建一个成功站点的出发点。在网页制作之前，应对整个站点的风格、布局、服务对象定位、服务器定位、脚本语言选择、数据库平台选择等做好充分的规划，可细化到站点所包括的每个文件、文件夹及其存在的逻辑关系。如果是集体开发，还应规划好各自的内容、完成期限，并注意统一风格、协调代码。

2．素材准备

素材准备包括简体中文、繁体中文、英文等各种字符的输入；设计制作静态图片；使用扫描仪或数字摄像机进行图像输入，设计动态gif、swf格式的动态图像，制作声音片断及合成音乐，将影音数据组合成AVI、QuickTime、MPEG、Real A/V、MS NetShow格式等。

3．管理站点

完成站点规划及素材准备后，首先需要创建一个站点，然后利用Dreamweaver CS6的站点管理功能，对站点进行文件制作、文件更新、文件上传等管理。

4．设计页面布局

任何网页的设计都离不开布局，要充分利用Dreamweaver CS6提供的表格设计功能、层的设计功能、框架的设计、模板的设计功能完成布局设计。

5．为页面添加内容

Web页面布局完成后，就是向页面添加内容了，可以利用"插入栏"提供的各种对象按钮，完成文本、图像、Flash动画、声音、视频等网页添加。

6．手工编码

要制作出专业级别的网页，在可视化编辑网页的基础上，加入必要的手编码，使网站的功能更强大，Dreamweaver CS6提供的代码视图在手工编写代码方面的功能非常强大。

7．设置Web应用程序运行环境

根据自己创建动态网站的需要，设置Web应用程序（动态网页）。不同类型的Web应用程序的设置，在Dreamweaver CS6的"应用程序"面板上有所不同。

8．创建动态网页

动态网页包括ASP、JSP、PHP等，根据自己规划的Web服务器及Web应用服务器进行选择创建。

9．快速开发应用程序

充分利用Dreamweaver CS6"应用程序"面板的动态网页可视化设计功能，设计制作具有交互功能的留言本、在线购买、在线注册等动态网页。

10．测试站点

网站全面制作完成后，在本机上进行测试，发现问题并及时解决。

11．上传站点到远程服务器

在本机上进行测试后，上传到远程Web服务器站点，进行试运行测试，发现问题并及时解决。

> **提示**：开发Web应用程序（制作动态网页）时，必须根据需要设置服务器和数据库。然后再设计该站点的外观。当外观设计完成后，将生成该站点并编写页代码，以添加内容和交互控件；然后将页面链接在一起，并对该站点进行功能测试，以验证它是否符合定义的目标；最后，在服务器上发布该站点。许多开发人员还会安排定期的维护，以确保站点保持最新并且工作正常。

1.4 常用网页制作软件

由于网页元素非常丰富，在实际制作网页时往往需要多个软件协同工作。比如，Dreamweaver、Fireworks、Flash被称为"网页制作三剑客"，这3款工具相辅相成，是制作网页的最佳拍档。

总的来讲，网页制作工具主要分为网页编辑工具、图像处理工具、网页动画制作工具和其他辅助工具等类别，下面简要介绍一些制作网页的常用工具。

1．网页制作工具

网页制作和编辑工具很多，最典型的可视化网页编辑工具有Adobe公司推出的Dreamweaver和Microsoft公司推出的Microsoft Office SharePoint Designer等。与其他网页编辑工具相比，Dreamweaver排版能力较强、功能全面、操作灵活、专业性强，是专业网页设计人员的首选工具，其主要特点如下。

- 网页编辑形式灵活：Dreamweaver将"设计"和"代码"编辑器集成在一起，既可以方便地进行源代码编辑，也可以用鼠标方式添加和设置对象。
- 使用可视化编辑环境：Dreamweaver是一种所见即所得的网页编辑器，既有效地减少了代码编写的工作量，也确保所设计文档的专业性和兼容性。
- 强大的CSS功能：CSS样式可以有效地控制网页对象的外观，如文本字体、颜色、图像位置等。利用Dreamweaver，就能轻松地编辑CSS样式。
- 站点管理功能完善：Dreamweaver提供了强大的站点管理功能，可以安全、系统地维护和管理各种规模的网站。
- 集成性强：Dreamweaver与Fireworks、Flash、Shockwave具有良好的集成性，可以在这些Web创作工具之间自由地进行切换。
- 媒体支持能力强：在Dreamweaver文档中，可以灵活加入Java、Flash、Shockwave、ActiveX以及其他媒体元素，也可以对各种多媒体元素进行处理。
- 扩展能力强：Dreamweaver可以实现功能的扩展。利用Adobe公司免费提供的Dreamweaver插件，可以丰富Dreamweaver的媒体处理能力。

2．网页图像处理工具

图形和图像是网页中不可缺少的元素。图像处理软件很多，制作网页时最常用的有Fireworks和Photoshop两种工具。

1）Fireworks

Fireworks是"网页制作三剑客"之一，是一款较优秀的网页图像处理软件，它具有便捷的图片和按钮制作功能，能快捷地生成网页中常用的GIF和JPEG等图像格式。

2）Photoshop

Photoshop是一款集设计、图像处理和图像输出于一体的软件。它以简洁的界面语言、灵活变通的处理命令、得心应手的操作工具、随意的浮动调板设计、强大的图像处理功能，赢得用户的青睐。Photoshop可以满足用户在图像处理领域中的任何要求，帮助用户高效地设计制作出高品质的图像作品，也是网页图像处理不可缺少的利器。

3．网页动画处理工具

Flash动画是最流行的网页动画格式，动画中的主要对象都是由简洁的矢量图形组成的，通过各种图形对象的变化和运动，产生出动画电影的效果。Flash也是"网页制作三剑客"之一，是最常用的网页动画制作工具。

4．其他网页工具

在制作网页时，有时还会用到一些辅助工具软件，如制作网页特效的"网页特效王"、制作三维动画的Cool 3D、制作网页按钮的工具Xara3D、编写网页代码的工具HotDog、上传网站的工具Flash FXP等。这些工具可以根据需要选用。

1.5　Dreamweaver CS6的新增和增强功能

Dreamweaver CS6是最优秀的可视化网页设计和网站管理工具之一，它将可视布局工具、应用程序开发功能和代码编辑支持组合在一起，能使各种层次的开发人员和设计人员快速创建出各种规模的网站和Web应用程序。与Dreamweaver的早期版本相比，Dreamweaver CS6的性能又有了明显的提升，其新增功能和增强功能主要表现在以下方面。

- 新的站点管理器：Dreamweaver CS6提供了全新界面的"管理站点"对话框，还可以在其中创建或导入Business Catalyst站点。
- 基于流体网格的CSS布局：Dreamweaver CS6提供了流体网格布局功能，可以创建出不同屏幕尺寸的流体CSS布局。使用流体网格生成的Web页，其布局及其内容会自动适应用户的屏幕大小。
- CSS3过渡效果：使用Dreamweaver CS6提供的CSS过渡效果，可以将平滑属性变化应用于页面元素，以便响应悬停、单击和聚焦等触发器事件。
- 多CSS类选区：在Dreamweaver CS6中，可以将多个CSS类应用于单个元素。选择一个元素后，打开"多类选区"对话框，再选择所需的类。应用多个类后，会根据当前选择来创建新的多类。
- 集成PhoneGap Build：Dreamweaver CS6集成了PhoneGap，可以使用PhoneGap服务来构建和模拟移动设备的应用程序。
- 附带jQuery Mobile 1.0：Dreamweaver CS6附带了一个jQuery 1.6.4组件及jQuery Mobile 1.0文件。可以从"新建文档"对话框中创建jQuery Mobile的起始页，还可以在"完全CSS文件"或"被拆分成结构及主题组件的CSS文件"两种CSS文件之间进行选择。
- 新的jQuery Mobile色板：Dreamweaver CS6采用了新的"jQuery Mobile 色板"面板，可以将色板逐个应用于标题、列表、按钮和其他元素。
- 新的Business Catalyst站点功能：可以直接从Dreamweaver CS6中创建新的Business Catalyst试用站点。登录到Business Catalyst站点后，可以直接从Dreamweaver CS6的"Business Catalyst"面板中管理Business Catalyst模块。
- 提供了专门的Web字体：可以在Dreamweaver CS6中使用Web支持字体。使用时，只需先用Web Font Manager将Web字体导入到Dreamweaver站点中，即可在Web页中应用这些字体。
- 图像优化更加简便：Dreamweaver CS6提供了一个"图像优化"对话框来优化文档中的图像。使用时，在"文档"窗口中选择一个图像，单击"属性"面板中的【编辑图像设置】按钮即可。

1.6　Dreamweaver CS6的工作环境

　　Dreamweaver CS6是一种"所见即所得"的可视化专业网页开发软件。即使不懂HTML、不懂网页程序设计，也能用Dreamweaver CS6设计制作出功能强大、美观实用的网站。本节主要介绍Dreamweaver CS6的工作界面。

1．Dreamweaver CS6的工作界面

　　在Windows桌面上单击【开始】按钮，从出现的菜单中选择【所有程序】|【Adobe Dreamweaver CS6】命令，即可启动Dreamweaver CS6中文版。启动Dreamweaver CS6中文版后，首先出现的是如图1-19所示的启动画面和欢迎屏幕。

图1-19　启动画面和欢迎屏幕

在欢迎屏幕中，可以快速打开最近编辑并保存过的项目，可以新建各种类型的文档或项目，也可以通过已有的模板来创建文档，还可以获取软件的帮助信息。

提示：如果在欢迎屏幕中选中"不再显示"复选项，可以隐藏欢迎屏幕，使下次启动Dreamweaver CS6时不再显示欢迎屏幕。如果要再次显示欢迎屏幕，只需在Dreamweaver CS6主界面中选择【编辑】|【首选参数】命令，然后在出现的"首选参数"对话框中选中"显示欢迎屏幕"选项即可。

在欢迎屏幕中选择一个选项，如"新建"下的HTML选项，将进入如图1-20所示的主界面。Dreamweaver CS6的主界面主要由应用程序栏、菜单栏、工作区切换器、搜索框、"文档"工具栏、"文档"窗口、标签选择器、状态栏、"属性"面板、面板组等部分组成。下面简要介绍各个界面元素的功能。

1）菜单栏

Dreamweaver CS6的菜单栏中提供了如图1-21所示10个菜单项，其中包含了软件的绝大多数命令。

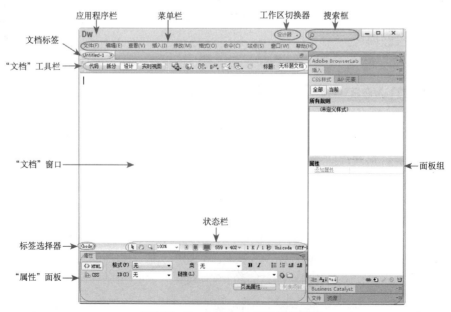

图1-20　Dreamweaver CS6的主界面

第1课　Dreamweaver CS6快速入门

图1-21　菜单栏

2) 工作区切换器

工作区切换器用于从如图1-22所示的菜单中选择最合适的工作方式，不同工作方式的面板布局会有所不同。比如，对于主要用代码来制作网页的用户，可以选择【编码人员（高级）】选项，切换到如图1-23所示的界面。

图1-22　工作区切换菜单

图1-23　"编码人员（高级）"界面

3) 搜索框

用于联机从Adobe官方站点上查找需要的帮助信息。

4) "文档"窗口

用于显示已经打开的Dreamweaver文档的文件名。如果同时打开了多个文档，可以使用文档标签来切换当前文档窗口。

5) "文档"工具栏

"文档"工具栏如图1-24所示，其中包含了一些用于在文档的不同视图间快速切换的按钮，以及用于查看文档、在本地和远程站点间传输文档的常用命令和选项。

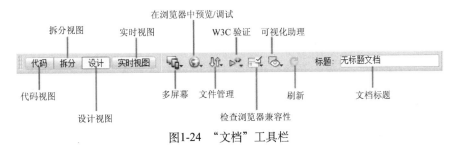

图1-24　"文档"工具栏

其中主要选项的功能如下。

- 【代码】按钮：设计网页时，单击【代码】按钮，将进入如图1-25所示的"代码"视图。代码视图提供了一个直接编写和编辑HTML、JavaScript、服务器语言代码和他类型代码的手工编码环境。

图1-25 "代码"视图

- 【拆分】按钮：设计网页时，单击【拆分】按钮，将进入如图1-26所示的"拆分"视图。在"拆分"视图方式下，可以在单个窗口中同时看到同一文档的"代码"视图和"设计"视图。

图1-26 "拆分"视图

- 【设计】按钮：设计网页时，单击【设计】按钮，将进入如图1-27所示的"设计"视图。"设计"视图方式是默认的视图，它采用可视化页面布局、可视化编辑和快速应用程序开发的设计环境。在该视图中，Dreamweaver显示文档的完全可编辑的可视化表示形式，类似于在浏览器中查看页面时看到的内容。

- 【实时视图】按钮：单击【实时视图】按钮，将进入如图1-28所示的"实时"视图环境，可以在真实的浏览器环境中设计网页。

- 【实时代码】按钮：进入"实时"视图后，将出现【实时代码】按钮。单击该按钮将进入如图1-29所示的"实时代码"环境，可以在真实的浏览器环境中进行网页设计的同时，查看和编辑页面的源代码。

- 【检查】按钮：在"实时"视图方式下还将出现【检查】按钮，单击【检查】按钮，

第1课　Dreamweaver CS6快速入门

可以用可视化方式详细显示CSS框模型属性，以便进行页面的实时检查，如图1-30所示。

图1-27　"设计"视图

图1-28　"实时"视图

图1-29　"实时代码"环境

17

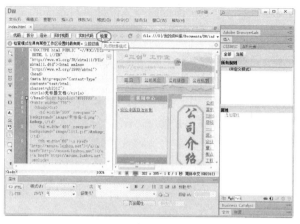

图1-30 实时检查页面

- 【多屏幕】按钮：用于进行多屏幕预览，可以检查智能手机、平板计算机和台式机所建立项目的显示画面。"多屏幕"菜单如图1-31所示，比如选择其中的"320×480智能手机"选项，将出现如图1-32所示的画面，以检查该页面在分辨率为320×480的智能手机上的显示效果。

图1-31 "多屏幕"菜单

图1-32 在分辨率为320×480的智能手机上的显示效果

- 【在浏览器中预览/调试】按钮：用于在浏览器中预览或调试文档。可从如图1-33所示的菜单中选择需要的浏览器。
- 【文件管理】按钮：用于显示如图1-34所示的"文件管理"菜单。

图1-33 "预览或调试"菜单

图1-34 "文件管理"菜单

- 【W3C验证】按钮：单击该按钮，将出现如图1-35所示的"W3C验证"菜单，选择其中的【验证当前文档（W3C）】选项，可以帮助Web设计者检查层叠样式表（CSS）。要对验证选项进行修改，可以选择【设置】选项。

- 【检查浏览器兼容性】按钮：单击【检查浏览器兼容性】按钮，将出现如图1-36所示的菜单，可以从中选择需要的选项来进行当前网页的浏览器兼容性检查。

图1-35 "W3C验证"菜单　　　　图1-36 "检查浏览器兼容性"菜单

- 【可视化助理】按钮：用于使用不同的可视化助理来设计页面，其下拉菜单如图1-37所示。
- 【刷新】按钮：用于在"代码"视图中进行更改后刷新文档的"设计"视图。
- "标题"文本框：用于为网页命名，所输入的标题将显示在浏览器的标题栏中，如图1-38所示。

图1-37 "可视化助理"菜单　　　　图1-38 命名了标题的网页的预览效果

6) "文档"窗口

"文档"窗口用于对页面文档进行编辑，其显示内容因"文档"视图的不同而不同。在设计网页时，如果同时打开多个"文档"窗口，将出现如图1-39所示的多页面标签，只需单击标签名即可切换要编辑的文档。

图1-39 多页面标签

7）标签选择器

标签选择器用于显示环绕当前选定内容的标签的层次结构。只需单击某个标签，就能选择该标签及其全部内容。比如，在标签选择器中单击<table>标签，即可选定文档中对应的内嵌表格对象，如图1-40所示。

图1-40　使用标签选择器

8）状态栏

"文档"窗口下方的状态栏中提供了当前文档的相关信息，也提供了如下一些主要辅助工具。

- 【选取】工具：按下该按钮，可以用鼠标在文档中选择对象。
- 【手形】工具：按下该按钮，可以在"文档"窗口中拖动文档。
- 【缩放】工具：用于设置文档的缩放比率。
- "缩放比率"下拉菜单：用于精确指定文档的缩放比率。
- 【手机大小】按钮：用于将设计页面设置为480像素×800像素大小，以适应手机屏幕。
- 【平板电脑大小】按钮：用于将设计页面设置为768像素×1024像素大小，以适应平板计算机屏幕。
- 【桌面电脑大小】按钮：用于将设计页面设置为1000像素宽度大小，以适应普通桌面计算机屏幕。
- "窗口大小"弹出菜单：用于在"设计"视图中设置"文档"窗口的大小。
- "文档大小和下载时间"选项：用于指示页面的预计文档大小和预计下载时间。
- "编码"选项：用于显示当前文档的编码模式。

9）"属性"面板

"属性"面板用于查看和设置当前所选对象的各种属性，每种对象都具有不同的属性。比如，如图1-41所示为图像对象的"属性"面板。

图1-41　图像对象的"属性"面板

10）面板组

面板组是分组在某个标题下面的相关面板的集合，单击组名称左侧的展开箭头，可以展开一个面板组。Dreamweaver CS6的面板主要用于方便用户进行页面编辑操作。

2．Dreamweaver CS6的主要面板

Dreamweaver CS6的面板种类很多，下面简要介绍Dreamweaver CS6的主要面板。

1）"插入"面板

如图1-42所示的"插入"面板中提供图像、表格和Div标签等多种类型的"对象"插入按钮，每个对象都是一段 HTML 代码，可以在插入对象时设置不同的属性。单击"插入"面板左上角的下拉箭头，将出现如图1-43所示的列表，可以从中选择需要插入的对象类别。

图1-42 "插入"面板　　　　图1-43 对象类别列表

"插入"面板上的按钮被组织到若干类别中，可以单击"插入"面板顶部的选项卡进行切换。如果正在编辑的文档中包含服务器代码（如 ASP文档），则会显示其他类别。"插入"面板的主要类别如下。

- "常用"：用于创建和插入常用对象，如图像、表格、Flash文档、电子邮件链接等。
- "布局"：用于插入表格、Div 标签、框架和Spry构件，还可以选择表格视图。
- "表单"：用于创建表单和插入表单元素。
- "数据"：用于插入Spry数据对象和其他动态元素，如记录集、重复区域、记录表单等。
- Spry：用于插入构建Spry页面的按钮，如Spry数据对象和构件等。
- jQuery Mobile：用于插入与移动Web页面设置相关的对象。
- InContext Editing：用于创建重复区域或可编辑区域，也可以管理CSS类。
- "文本"：用于插入各种文本格式和列表格式的标签。
- "收藏夹"：用于个性化组织插入栏中最常用的按钮。

2）"属性"面板

"属性"面板用于检查和编辑当前选定页面元素（如文本、声音、动画、图像等）的最常用属性。"属性"面板中出现的选项会因当前所选定的元素不同而有所不同，这里先介绍几种典型对象的"属性"面板。

- 文本"属性"面板：在"文档"窗口选定文本或将插入点置于文本中时，都将出现文本"属性"面板。文本"属性"面板分为文本HTML属性设置和文本CSS属性设置两部分，如图1-44所示。通过文本"属性"面板，可以设置文本的字体、样式、大小、粗细、颜色等属性。

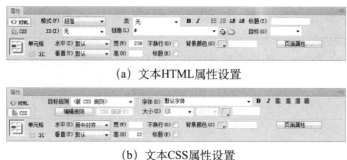

(a) 文本HTML属性设置

(b) 文本CSS属性设置

图1-44 文本"属性"面板

- 表单"属性"面板：在"文档"窗口中选定表单后，将出现如图1-45所示的表单"属性"面板。通过表单"属性"面板，可以设置表单的名称、动作、方法、目标等属性。

图1-45 表单"属性"面板

- 表格"属性"面板：选定"文档"窗口中的表格对象，将出现如图1-46所示的表格"属性"面板。通过表格"属性"面板，可以设置表格的行、列、宽、边框、间距等属性。

图1-46 表格"属性"面板

- 图像"属性"面板：选定"文档"窗口中的图像对象，将出现如图1-47所示的图像"属性"面板。通过图像"属性"面板，可以设置图像高度、宽度、源文件、对齐方式等属性，也可以对图像进行简单的编辑处理。

图1-47 图像"属性"面板

技巧："属性"面板可以隐藏、折叠或移动。要显示或隐藏"属性"面板，可以选择菜单栏的【窗口】|【属性】命令；要展开或折叠"属性"面板，可单击"属性"面板的标题栏；要移动"属性"面板只需拖动鼠标，即可移动"属性"面板到工作区的其他位置。

3）面板组

Dreamweaver 中的面板可以自由地组合成面板组。除"插入"面板外，Dreamweaver 中默认的面板组有"CSS样式"、"AP元素"、"文件"、"资源"4个面板。面板的种类很多，例如"框架"面板、"历史记录"面板等，要调出这些面板，只需选择菜单栏中【窗口】命令下相应的选项，如图1-48所示。

单击面板组右上角的【面板菜单】按钮，将出现如图1-49所示的快捷菜单，可以通过菜单选项来进行与当前面板有关的操作。

图1-48 可选的"面板"选项

图1-49 面板组的快捷菜单

每个面板组都可以展开或折叠，右击面板标题栏的空白区域，从出现的快捷菜单中选择【最小化】命令，可以折叠面板，如图1-50所示。

图1-50 折叠面板

要展开面板组中的某个面板，只需右击面板标题栏的空白区域，从出现的快捷菜单中选择【展开标签组】命令，如图1-51所示。

图1-51 展开面板

4)"历史记录"面板

使用如图1-52所示的"历史记录"面板,可以跟踪Dreamweaver中工作的每一个步骤。利用"历史记录"面板能够方便地进行撤销、重放、删除操作。对"历史记录"面板的主要操作如下。

图1-52 "历史记录"面板

- 撤销操作:通过"历史记录"面板,可以撤销一次操作,也可以撤销一系列的操作。若要撤销对文档执行的最后操作,在列表中将"历史记录"面板的滑块向上拖动一个步骤,撤销的步骤变为灰色。单击某步骤的左侧,可以使滑块自动滚到该步骤,并自动选择滑块所经过的步骤;而单击某步骤本身只是选择该步骤。选择一个步骤不同于在撤销历史记录中返回到该步骤。对于撤销单个步骤来说,如果撤销了一系列步骤,然后在文档中执行了新的操作,则不能够重做撤销过的步骤,它们将从"历史记录"面板中消失。
- "重放"操作:"历史记录"面板还可用来重放已经执行过的步骤,并且可以通过创建新的命令自动执行任务。在"历史记录"面板中,选择一个步骤后,单击【重放】按钮 重放 ,该步骤随即重放,并且"历史记录"面板中会出现它的一个副本。
- 复制操作:关闭文档时将清除历史记录。如果希望在关闭文档后继续使用该文档中的步骤,则在关闭文档前用【复制步骤】命令来复制这些步骤。一个打开的文档都有自己的步骤历史记录。可以复制一个文档中的步骤并将其粘贴到另一个文档中。
- 删除操作:删除操作可以删除当前文档的历史列表,要删除当前文档的历史记录列表,可以在"历史记录"面板的下拉菜单中,选择【清除历史记录】选项。该命令还清除当前文档的全部撤销信息;选择【清除历史记录】选项后,将无法撤销被清除的步骤。

课后练习

1．浏览一些网站的页面,分析其主要构成元素。

2．在计算机上安装上"网页制作三剑客"的最新版本,即Flash CS6、Fireworks CS6和Dreamweaver CS6。

3．启动Dreamweaver CS6,熟悉欢迎屏幕窗口中各部分的功能。

4．新建一个HTML文档,熟悉其主界面的组成元素,尝试对这些元素进行操作。

5．比较Dreamweaver CS6中不同预设工作区的异同之处。

第 2 课
创建和管理站点

本课知识结构

要使用Dreamweaver CS6开发站点和制作网页,首先要架设网页开发平台,再创建一个本地站点;然后根据需要对站点进行管理,再在站点中创建和管理各种页面文件。本课将结合实例介绍基本二维图形的绘制方法,具体知识结构如下。

```
                   ┌─ 架设网页开发平台 ┬─ 安装 IIS
                   │                  ├─ 配置 IIS
                   │                  ├─ 创建虚拟目录
                   │                  ├─ 创建 FTP 站点
                   │                  └─ 设置虚拟目录共享
创建和管理站点 ────┤─ 创建站点
                   │─ 编辑和管理站点 ┬─ 编辑站点
                   │                  └─ 管理站点
                   └─ 绘制曲线对象 ┬─ 创建网页文档
                                    ├─ 管理页面文件
                                    ├─ 打开页面文档
                                    └─ 设置页面属性
```

就业达标要求

☆ 了解站点创建和管理的相关概念
☆ 熟练掌握配置Windows IIS服务器的方法
☆ 掌握站点的创建和设置方法
☆ 掌握站点的编辑方法
☆ 初步掌握站点的管理方法
☆ 初步掌握网页文档的创建和管理方法
☆ 初步掌握页面文档属性的设置方法

2.1 实例：配置Windows服务器（架设网页开发平台）

在Windows操作系统中，一般都是利用IIS来构建网站开发平台的。IIS是一种允许在公共Intranet或Internet上发布信息的Web服务器。IIS通过使用超文本传输协议（HTTP）传输信息，同时还支持FTP和Gopher服务。IIS能够很好地支持ASP，是动态网站开发的理想平台。本节以在Windows 7环境下配置Windows服务器为例，介绍架设网页开发平台的具体方法。

1．安装IIS

（1）Windows系统在默认情况没有安装IIS，必须在安装完Windows后另行安装。单击Windows桌面左下角的【开始】按钮，从出现的【开始】菜单中选择【控制面板】选项，打开"控制面板"窗口。

（2）单击【程序】图标，进入"程序"页面，再单击其中的"打开或关闭Windows功能"选项，如图2-1所示。

 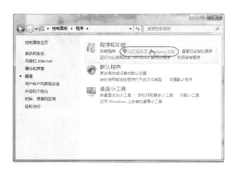

图2-1　单击"打开或关闭Windows功能"选项

（3）在出现的"Windows功能"对话框中手动选择"Internet信息服务"下的功能，为简单起见，可以将其中所有服务都选中，如图2-2所示。

（4）单击【确定】按钮，即可开始安装所选的功能，并出现如图2-3所示的提示信息。

 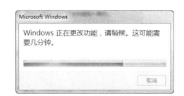

图2-2　选择要打开的Internet信息服务功能　　图2-3　提示信息

（5）安装完成后重新启动计算机。重启系统后，系统将打开所有Internet信息服务功能。

2．配置IIS

（1）安装IIS后还需要设置网页主目录及IP地址。进入"控制面板"窗口，单击【系统和安全】图标,进入"系统和安全"页面后,再单击其中的【管理工具】图标,如图2-4所示。

 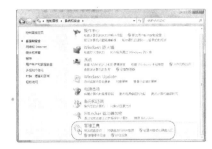

图2-4　单击【管理工具】图标

(2) 出现"管理工具"窗口后,双击"Internet信息服务(IIS)管理器"选项进行IIS设置,如图2-5所示。

(3) 在"Internet信息服务(IIS)管理器"窗口中展开计算机名,再展开"网站"子文件夹,选中其中的"Default Web Site"选项,然后双击【ASP】图标,如图2-6所示。ASP(活动服务器网页)是微软公司开发的代替CGI脚本程序的一种应用,可以与数据库和其他程序进行交互,可以用来创建和运行动态网页或Web应用程序。

图2-5　双击"Internet信息服务(IIS)管理器"选项　　图2-6　双击【ASP】图标

(4) 进入"ASP"设置页面后,展开"行为"选项组,将"启动父路径"的参数设置为True,如图2-7所示。

(5) 设置完成后,单击"网站"子文件夹中的"Default Web Site"选项,出现如图2-8所示的提示,单击【是】按钮保存所做的更改。

图2-7　启动父路径　　　　　　　　　　　　　图2-8　提示

27

(6) 配置IIS的站点。单击窗口右侧"操作"栏中的"绑定"选项,打开"网站绑定"对话框,如图2-9所示。

图2-9 打开"网站绑定"对话框

(7) 在"网站绑定"对话框中选定当前命名的网站,单击【编辑】按钮打开"编辑网站绑定"对话框,可以在其中设置网站的IP地址、端口号和主机名,如图2-10所示。如果只是创建本地测试服务器,可以不在其中设置任何内容,然后单击【确定】按钮返回"网站绑定"对话框。

图2-10 "编辑网站绑定"对话框

(8) 在"网站绑定"对话框中单击【关闭】按钮,完成网站绑定参数的设置。

(9) 在本地磁盘上创建一个新文件夹,本例在D盘上创建一个名为dzc的文件夹(dzc是"迪之化工有限公司"的英文缩写),作为保存相关文件的实际路径。

(10) 单击"Internet信息服务(IIS)管理器"窗口右侧"操作"栏中的"高级设置"选项,打开"高级设置"对话框,在其中将"物理路径"设置为本地硬盘中保存网站文件的目录(D:\dzc),将"应用程序池"设置为"Classic.NET AppPool",如图2-11所示。设置完成后单击【确定】按钮返回。

图2-11 网站高级参数设置

(11) 在"Internet信息服务(IIS)管理器"窗口中选中【默认文档】图标,如图2-12所示。

第2课　创建和管理站点

图2-12　选择【默认文档】图标

(12) 双击【默认文档】图标，打开"默认文档"页面，单击"操作"栏中的"添加"链接，出现"添加默认文档"对话框，在该对话框的"名称"文本框中输入main.html，表示名为main.html的文件将作为网站的默认文件，如图2-13所示。

图2-13　添加默认文档

(13) 单击【确定】按钮，返回"Internet信息服务（IIS）管理器"窗口，此时，界面中出现新添加的名为main.html的默认文档，如图2-14所示。

图2-14　默认文档添加效果

3．创建虚拟目录

(1) 要浏览本地计算机上的网页，不仅需要安装和设置IIS，还需要将存放网站的目录

29

设为虚拟目录。在"Internet信息服务（IIS）管理器"窗口中展开"本地计算机"下的"网站"选项，再右击其中的"Default Web Site（默认网站）"选项，从出现的快捷菜单中选择【添加虚拟目录】命令，如图2-15所示。

(2) 出现"添加虚拟目录"对话框后，在"别名"文本框中输入虚拟目录的别名（本例输入dzc），在"物理路径"文本框中输入存放网站的本地目录（本例输入D:\dzc），如图2-16所示。

(3) 单击【确定】按钮，即可创建一个名为dzc的虚拟目录，如图2-17所示。

图2-15　选择【添加虚拟目录】命令　　图2-16　虚拟目录参数设置　　图2-17　虚拟目录创建效果

4．创建FTP站点

(1) 在"Internet信息服务（IIS）管理器"窗口中右击"网站"文件夹，从出现的快捷菜单中选择【添加FTP站点】命令，打开"添加FTP站点"对话框。在"站点信息"界面中将FTP站点的名称设置为DZC_FTP，物理路径设置为D:\dzc，如图2-18所示。

图2-18　添加FTP站点

> 提示：FTP（File Transfer Protocol）是指文件传输协议，它是网络上主要的文件传输方式。FTP服务器则是指用于存储各种允许存取文件的计算机，该服务器使用的端口默认为21。

(2) 单击【下一步】按钮，进入"绑定和SSL设置"界面，在其中输入本机的IP地址（本例为192.168.1.66），端口按默认值21，再将SSL设置为"无"，如图2-19所示。

(3) 单击【下一步】按钮，进入"身份验证和授权信息"界面，将身份验证方式设置为"基本",然后"授权"名为administrator的用户可以"读取"和"写入"信息,如图2-20所示。

图2-19 设置"绑定和SSL"选项　　　图2-20 设置"身份验证和授权信息"选项

(4) 单击【完成】按钮返回"Internet信息服务(IIS)管理器"窗口。可以看到,其中创建了一个名为"DZC_FTP"的FTP服务器,如图2-21所示。

(5) 关闭"Internet信息服务(IIS)管理器"窗口,即可完成IIS的配置和网站虚拟目录的创建。当前网站的默认首页文档是main.html。此后,通过http://localhost/dzc、http://127.0.0.1/dzc或192.168.1.66都可以访问所设计的网站。

5.设置虚拟目录共享

(1) 对物理盘上的虚拟目录应进行必要的共享设置。在Windows的"资源管理器"窗口中选中D盘上的dzc文件夹,单击鼠标右键,从出现的快捷菜单

图2-21 FTP服务器创建结果

中选择【属性】命令,打开"dzc 属性"对话框,单击【共享】按钮,打开"文件共享"对话框,选中其中名为Administrator的用户,将其权限设置为"读取/写入",然后单击【共享】按钮,如图2-22所示。

图2-22 设置共享dzc文件夹的用户

(2) 单击【共享】按钮后，将出现如图2-23所示的界面，提供已经共享文件夹，如图2-23所示。

(3) 单击【完成】按钮返回"dzc 属性"对话框，切换到"安全"选项卡，单击其中的【编辑】按钮，在打开的"选择用户或组"对话框中输入Everyone，如图2-24所示。

图2-23　文件夹共享结果

图2-24　添加用户

(4) 单击【确定】按钮，出现"dzc 的权限"对话框，选中名为Everyone的用户，选择其权限列表中的"修改"选项，如图2-25所示。表示每个用户都可以修改dzc文件夹的内容。

(5) 单击【确定】按钮返回"dzc 属性"对话框，可以看到，其中新增了一个名为Everyone的用户，并列出其权限，如图2-26所示。

图2-25　设置Everyone对dzc文件夹的操作权限　　图2-26　用户添加结果

(6) 单击【关闭】按钮关闭"dzc 属性"对话框，完成虚拟目录的共享设置。

2.2 实例：创建"迪之化工"站点（站点创建）

Dreamweaver的站点是指某个Web站点文件的本地或远程存储位置。开发站点前，应根据需要创建并设置一个新的本地站点，其中包含了网站的所有文件和资源。可以创建一个Web站点并进行管理维护。本节以创建一个名为"迪之化工"的站点为例，介绍站点创建的具体用法和技巧。

(1) 在D盘创建一个名为mysite的文件夹，然后在其中创建一个"迪之化工有限公司"子文件夹，再在"迪之化工有限公司"子文件夹中创建一个名为images的子文件夹。"D:\mysite\迪之化工有限公司"便是本地保存网站文件的文件夹。

(2) 启动Dreamweaver CS6，在"欢迎界面"中单击"Dreamweaver站点"链接，出现"站点设置对象"对话框，如图2-27所示。利用该对话框，对站点的各参数进行配置。

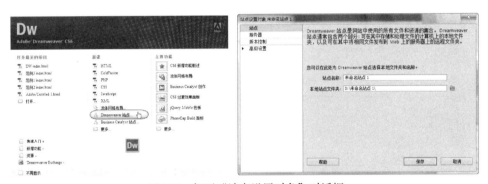

图2-27 打开"站点设置对象"对话框

(3) 系统当前默认的选项为"站点"类别，可以在其中设置站点的名称以及本地站点文件夹的名称和位置信息。将站点名称修改为"迪之化工"，如图2-28所示。

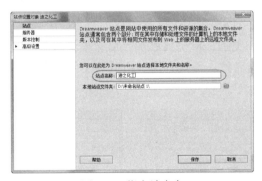

图2-28 指定站点名

(4) 单击"本地站点文件夹"选项后面的【浏览文件夹】图标，打开"选择根文件夹"对话框，在其中选中D盘mysite文件夹下的"迪之化工有限公司"文件夹，如图2-29所示。

(5) 单击【打开】按钮，打开名为"迪之化工有限公司"的文件夹，如图2-30所示。可以看到，此时该文件夹中没有任何文件。

(6) 单击【选择】按钮，即可将"迪之化工有限公司"文件夹设置为本地站点的根文件夹，并返回"站点设置对象"对话框，如图2-31所示。

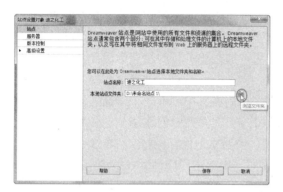 

图2-29 选择根文件夹

 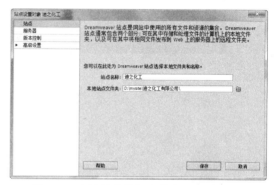

图2-30 打开"迪之化工有限公司"文件夹　　图2-31 本地站点的根文件夹设置结果

提示： 站点名称是显示在"文件"面板和"管理站点"对话框中的名称，该名称不会在浏览器中显示。而本地站点文件夹是指本地磁盘上存储站点文件、模板和库项目的文件夹的名称，当Dreamweaver解析站点根目录相对链接时，是相对于该文件夹来解析的。

(7) 选择"服务器"类别，单击【添加新服务器】按钮，在出现的"基本"设置选项中添加服务器名称、连接方法、服务器文件夹和Web URL参数，本例的设置情况如图2-32所示。

 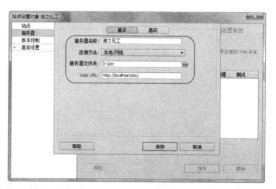

图2-32 设置服务器基本参数

(8) 切换到"高级"选项卡,将测试"服务器模型"设置为ASP VBScript,如图2-33所示。

(9) 单击【保存】按钮返回"站点设置对象"对话框,即可看到服务器列表出现新添加的名为dzc的服务器,选中其中的"远程"和"测试"选项,同时指定远程服务器和测试服务器,如图2-34所示。

(10) 在"站点设置对象"对话框中展开"高级设置"类别,选择其中的"本地信息"选项,然后在右窗格中设置默认图像文件,如图2-35所示。

(11) 单击【保存】按钮保存设置信息并退出"站点设置对象"对话框返回"管理站点"对话框,其中显示了新创建的站点,如图2-36所示。

图2-33 设置服务器模型

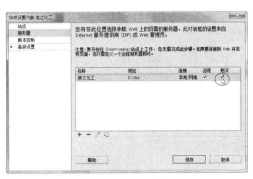

图2-34 服务器添加效果

图2-35 高级参数设置

图2-36 新创建的站点

(12) 单击【完成】按钮,完成Dreamweaver站点的定义。此时,在"文件"面板中会显示出站点名称,以及本地或远程文件夹的具体文件,如图2-37所示。

图2-37 站点创建效果

2.3 实例：编辑"迪之化工"站点（站点编辑和管理）

创建站点后，可以使用Dreamweaver CS6的管理站点功能对站点进行管理，还可以对已经创建的建站进行编辑，重新设置站点的各个选项。本节以编辑2.2节中创建的"迪之化工"站点为例，介绍站点的编辑和管理方法。

1. 编辑已有站点

（1）启动Dreamweaver CS6，从菜单栏中选择【站点】|【管理站点】命令，打开"管理站点"对话框，从"您的站点"列表中选择要编辑的站点，如图2-38所示。

（2）单击"您的站点"列表下方的【编辑】按钮，（或双击列表中要编辑的站点名称），将重新打开"站点设置对象"对话框，如图2-39所示。

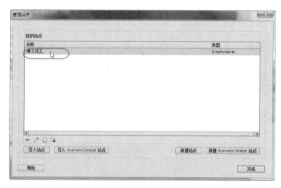

图2-38　选择要编辑的站点　　　　　图2-39　打开"站点设置对象"对话框

（3）根据需要设置"站点"类别中的"站点名称"和"本地站点文件夹"选项，本例保留已经设置好的参数。

（4）选择"服务器"类别，选中服务器列表中名为"迪之化工"的服务器，单击列表下方的【编辑】按钮，如图2-40所示。

（5）进入服务器"基本"设置界面后，从"连接方法"下拉列表中选择【FTP】选项，如图2-41所示。

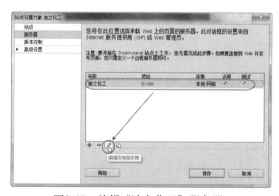 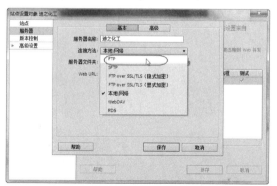

图2-40　编辑"迪之化工"服务器　　　　　图2-41　重新设置"连接方法"

（6）在"FTP地址"文本框中，输入要将网站文件上传到其中的FTP服务器的地址。

FTP 地址是计算机系统的完整 Internet 名称。本例输入本机在局域网中的完整IP地址169.168.1.66。

(7) 在"FTP地址"文本框后面的"端口"文本框中输入接收FTP 连接的端口号，21是接收FTP连接的默认端口。

(8) 在"用户名"和"密码"文本框中，输入用于连接到 FTP 服务器的用户名和密码。在本例中，由于将本机作为虚拟服务器，只需输入本机登录用户名和密码，如图2-42所示。

提示：默认情况下，Dreamweaver会保存登录FTP服务器的密码。如果希望每次连接到服务器时Dreamweaver都提示输入密码，应取消对"保存"复选项的选择。

(9) 单击【测试】按钮，测试 FTP 地址、用户名和密码，通过测试后，将出现如图2-43所示的信息。

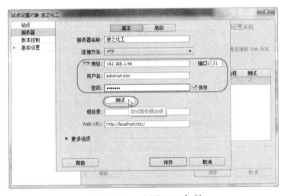

图2-42　设置FTP参数

图2-43　通过测试后返回的信息

(10) 在"根目录"文本框中，可以输入远程服务器上用于存储公开显示的文档的文件夹。如果不能确定应输入哪些内容作为根目录，可将该文本框保留为空白。

(11) 在"Web URL"文本框中输入Web站点的URL。Dreamweaver使用Web URL创建站点根目录相对链接，并在使用链接检查器时验证这些链接。本例输入http://localhost/dzc。

提示：localhost是一个特殊的DNS主机名，代表分配给引用这个名称的计算机（本机）的IP地址。

(12) 设置完成后单击【保存】按钮返回"站点设置对象"对话框。

(13) 在"站点设置对象"对话框左窗格中选择"版本控制"类别，可以利用如图2-44所示的选项设置Subversion获取和存回文件功能。

(14) 在左窗格中展开"高级设置"选项，除了可以进行"本地信息"设置外，还可以设置其他信息。选择如图2-45所示的"遮盖"类别，可以指定要遮盖的特定文件类型，以使Dreamweaver遮盖以指定形式结尾的所有文件。

(15) 选择"设计备注"类别，可以启用或禁用设计备注。启用"设计备注"后，还可以选择与他人共享"设计备注"，如图2-46所示。设计备注是一种存储于独立的文件中的与页面文件相关联的备注，可以使用设计备注来记录与文档关联的其他文件信息。

(16) 在"文件"面板中查看Dreamweaver站点时，文件和文件夹的信息（如文件类型、文件修改日期等）将在相应的列中显示出来。利用如图2-47所示的"文件视图列"类别，可以自定义要显示的内容。

图2-44 "版本控制"类别　　　　　　　　图2-45 "遮盖"类别

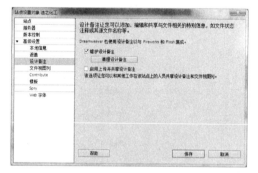 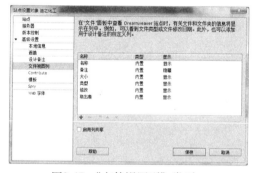

图2-46 "设计备注"类别　　　　　　　　图2-47 "文件视图列"类别

(17) 利用如图2-48所示的"Contribute"类别，可以启用或禁用Contribute的兼容性功能。启用后，Dreamweaver将自动启用"设计备注"和"存回/取出"系统。

(18) 利用如图2-49所示的"模板"类别，可以选择在更新模板时是否改写文档的相对路径。

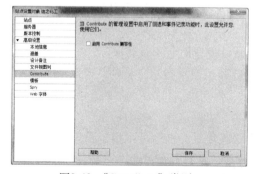 

图2-48 "Contribute"类别　　　　　　　图2-49 "模板"类别

(19) 利用如图2-50所示的"Spry"类别，可以设置要用于Spry资源的文件夹的路径。

设置后，在已保存的页面中插入Spry Widget、数据集或效果时，会自动在站点中创建一个SpryAssets目录，并将相应的JavaScript和CSS文件保存到文件夹中。

（20）利用如图2-51所示的"Web字体"类别，可以指定Web字体的存储位置。

图2-50 "Spry"类别

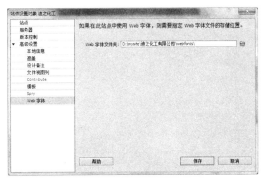

图2-51 "Web字体"类别

2．管理站点

（1）在"管理站点"对话框中选中要复制的站点名称，然后单击【复制】按钮，可以建立一个站点的副本，副本将出现在站点列表窗口中，如图2-52所示。

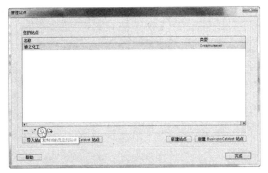

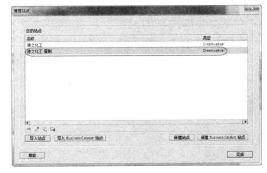

图2-52 复制站点

（2）在"管理站点"对话框中单击【删除】按钮，可以将选定的站点从"管理站点"对话框中删除，如图2-53所示。执行删除操作时，Dreamweaver会提醒该操作无法撤销。

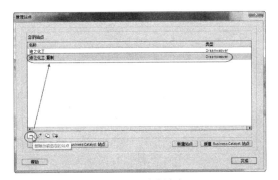

图2-53 删除站点

(3) 可以将站点导出为ste文件，在"管理站点"对话框中单击【导出】 按钮，出现如图2-54所示的"导出站点'迪之化工'"对话框。可以在其中选择是否要导出该站点来备份当前站点的相关设置或与其他用户共享设置。

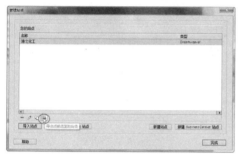
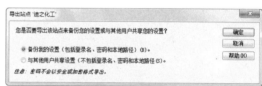

图2-54 "导出站点'迪之化工'"对话框

(4) 单击【确定】按钮，出现如图2-55所示的"导出站点"对话框，可以在其中指定保存ste文件的位置和文件名。

(5) 使用"导入"功能，可以将ste格式的站点定义文件重新导入到系统中。在"管理站点"对话框中单击【导入站点】按钮 ，可以在出现的"导入站点"对话框中选择ste格式的站点定义文件，然后将其导入回到Dreamweaver中。这样就可以在各计算机和产品版本之间移动站点，或者与其他用户共享。

(6) 要创建新的站点，可以单击"管理站点"对话框中的【新建站点】按钮 。

(7) 设置完成后单击【完成】按钮关闭"管理站点"对话框返回Dreamweaver CS6主界面。可以在"文件"面板中看到编辑后的站点名，Dreamweaver 站点由本地根文件夹、远程文件夹和测试服务器文件夹3个部分（或文件夹）组成。如图2-56所示的本地根文件夹用于保存正在处理的文件，这个文件夹称为"本地站点"。"本地站点"既可以位于本地计算机上，也可以位于网络服务器上。

图2-55 "导出站点"对话框   图2-56 编辑后的"本地站点"

(8) 单击【向"测试服务器"上传文件】按钮 ，可将"本地站点"中的文件上传到"测试服务器"上。单击该按钮后，将出现一个消息框，询问是否上传整个站点，单击【确定】按钮后，即可开始上传文件，并出现"后台文件活动"对话框，如图2-57所示。

第2课　创建和管理站点

图2-57　上传文件

(9) 远程文件夹中保存了用于测试、生产和协作等用途的文件，这个文件夹称为"远程站点"。"远程站点"一般位于运行Web服务器的计算机上。上传本地文件后，从"文件"面板的"视图"下拉菜单中选择【远程服务器】选项，即可进入远程服务器文件夹，如图2-58所示。

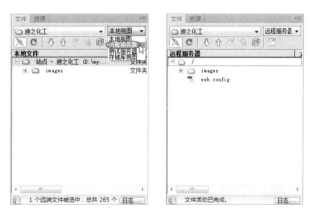

图2-58　远程服务器文件夹

(10) 测试服务器文件夹是用于处理动态页面的文件夹，上传本地文件后，从"文件"面板的"视图"下拉菜单中选择【测试服务器】选项，即可进入测试服务器文件夹，如图2-59所示。

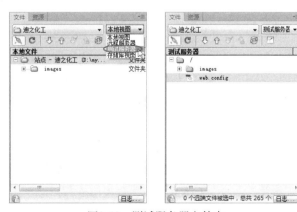

图2-59　测试服务器文件夹

41

> **提示**：与本地文件夹相比，远程服务器文件夹和测试服务器文件夹中多了一个名为web.config的文件。Web.config文件是一个XML文本文件，主要用来储存ASP.NET Web应用程序的配置信息，默认情况下会自动创建在根目录中，其中提供了默认的配置设置，所有的子目录都继承它的配置设置。

2.4 实例：管理"迪之化工"站点文件（站点文件管理）

网站是由若干网页文档组合而成的，在Dreamweaver CS6中，既可以创建和编辑HTML文档，也可以创建和编辑打开CFML、ASP、JavaScript和CSS等基于文本的文档。此外，Dreamweaver CS6还支持Visual Basic、.NET、C#和Java等源代码文件。本节以管理"迪之化工"站点文件为例，介绍站点文件管理的基本方法。

1. 创建网页文档

(1) 在Dreamweaver CS6中可以创建空白网页文档（或模板），也可以基于Dreamweaver附带的某预定义页面布局的文档，还可以创建基于现有模板的文档。要创建新的空白文档，可从菜单栏中选择【文件】|【新建】命令，出现"新建文档"对话框，默认选定其中的"空白页"选项，页面类型为HTML、布局方式为"无"，如图2-60所示。

图2-60 创建空白页

> **提示**：启动Dreamweaver CS6后，默认情况下会打开"欢迎屏幕"，可以利用其中的"新建"栏中的选项选择需要创建的网页文档类型，以快速创建空白网页文档。Dreamweaver CS6支持的文件类型很多，常用的网页文件类型如下。
> - CSS层叠样式表文件：其扩展名为.css，这种文件用于设置HTML内容的格式并控制各个页面元素的位置。
> - XML可扩展标记语言文件：其扩展名为.xml，这种文件包含原始形式的数据，可使用XSL（可扩展样式表语言）来设置这些数据的格式。
> - XSL可扩展样式表语言文件：其扩展名为.xsl或.xslt，这种文件用于设置要在Web页中

显示的XML数据的样式。
- CFML标记语言文件：这种标记语言文件的扩展名为.cfm，主要用于处理动态页面。
- ASP.NET文件：其扩展名为.aspx，主要用于处理动态页。
- PHP超文本预处理器文件：其扩展名为.php，可用于处理动态页。
- HTML文件（或超文本标记语言文件）：这是一种包含基于标签的语言的文件，它负责在浏览器中显示Web页面，可以使用.html或.htm扩展名来保存HTML文件。Dreamweaver默认使用.html扩展名保存文件。

(2) 从"页面类型"列表中选择一种页面类型，比如选择HTML可以创建一个纯HTML页。

(3) 如果要在新页面中包含CSS布局，应从"布局"列表中选择一种预设的CSS布局方式。选择除"无"以外的布局方式后，"新建文档"对话框的右侧窗格中将显示选定布局的预览和说明。

(4) 设置完成后，单击【创建】按钮，即可在"文档"窗口中打开新文档，如图2-61所示。

(5) 从菜单栏中选择【文件】|【保存】命令，出现"另存为"对话框，默认的保存位置为当前站点的根目录，根据需要指定网页文件名，如图2-62所示。

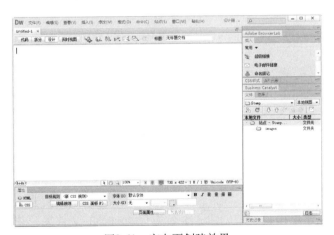

图2-61　空白页创建效果

图2-62　"另存为"对话框

提示：站点中的文件夹和文件的名称，最好选择便于理解的小写英文名或汉语拼音名，而不建议使用大写字母或中文名，这主要因为不少网站服务器使用UNIX操作系统，该系统对大小写敏感，而且不能识别中文文件名。

(6) 单击【保存】按钮，即可将网页文件保存在站点根目录中，如图2-63所示。

(7) 可以使用"新建文档"对话框创建Dreamweaver模板，所创建的模板将默认保存在站点的Templates文件夹中。从菜单栏中选择【文件】|【新建】命令，出现"新建文档"对话框，选择"空模板"类别。

(8) 在"模板类型"列表中选择要创建的页面类型。要使模板包含CSS布局，还应从"布局"列表中选择一个预设的CSS布局，如图2-64所示。

图2-63 文件保存效果

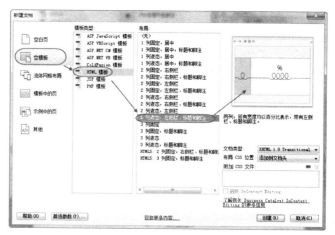
图2-64 选择模板选项

(9) 设置好其中参数后，单击【创建】按钮，即可创建一个空模板，如图2-65所示。
(10) 从菜单栏中选择【文件】|【另存为模板】命令，出现"另存模板"对话框，默认的保存位置为当前站点，根据需要指定一个网页模板文件名，如图2-66所示。

图2-65 空模板创建效果

图2-66 "另存模板"参数设置

(11) 单击【保存】按钮，即可在站点根目录中创建一个名为Templates的文件夹，并将所创建的模板（news.dwt）保存在站点的Templates文件夹中，如图2-67所示。

图2-67 模板创建结果

(12) 用类似的方法创建其他的页面文档，这里创建一些示例文件，创建效果如图2-68所示。

提示：使用用"文件"面板，也可以创建网页文档。其方法是，右击"文件"面板的空区域，从出现的快捷菜单中选择【新建文件】命令，即可在"文件"面板中新建一个暂名为"untitled.html"的网页文档。此外，在Dreamweaver CS6中可以根据模板文件来创建新的网页文档，也可以创建基于Dreamweaver设计文件的具有专业水准页面布局和设计元素的网页文档，还可以创建C#、VBScript、纯文本等页面文档。

2．用文件夹管理页面文件

（1）在"文件"面板中右击站点名称所在行，从出现的快捷菜单中选择【新建文件夹】命令，将在站点根目录下创建一个暂名为untitled的文件夹，如图2-69所示。

图2-68　其他文档创建效果　　　　图2-69　创建文件夹

（2）输入文件夹的新名称，即可命名一个文件夹，如图2-70所示。

（3）在文件夹中还可以创建子文件夹，右击要在其中创建子文件夹的文件夹（如news文件夹），从出现的快捷菜单中选择【新建文件夹】命令，将在当前文件夹中创建一个暂名为untitled的文件夹，根据需要输入新的名称即可，如图2-71所示。

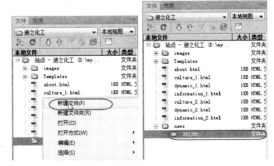

图2-70　命名文件夹　　　　　　　图2-71　创建子文件夹

（4）要将已有的文件移动到某个文件夹中，只需拖动文件即可。松开鼠标后，会出现一个"更新"文件对话框。要更新文件的链接，应单击【更新】按钮，移动文件的过程如图2-72所示。如果要将多个文件移动到同一文件夹中，可在按下【Ctrl】键的同时依次单击要移动的文件将它们同时选中，然后一次性地拖放到指定文件夹中。

图2-72 移动文件的过程

（5）用同样的方法创建其他文件夹和子文件夹，并将关文件移动到不同文件夹中，效果如图2-73所示。

3．打开页面文档

（1）对于事先已经保存的网页文档或模板，可以使用【打开】命令将其在Dreamweaver文档窗口中打开后编辑。也可以打开JavaScript文件、XML文件、CSS样式表等非HTML的文本文件来编辑。从菜单栏中选择【文件】|【打开】命令，出现"打开"对话框。

图2-73 创建其他文件夹和子文件夹

（2）定位目标路径并选择要打开的文件，如图2-74所示。

（3）单击【打开】按钮，选定的文档即可在Dreamweaver的"文档"窗口中打开。

提示：默认情况下，HTML文件、文本文件将在"设计"视图中打开；JavaScript、文本和CSS样式表在"代码"视图中打开。可以在Dreamweaver中编辑或更新文档，然后保存文件中的更改。如果打开的文档是一个另存为HTML文档的Word文件，可以使用【清理Word的HTML】命令来清除Word插入到HTML文件中的无关标记标签。

图2-74 选择要打开的文件

4．设置页面文档的属性

(1) 创建或打开网页文档后，从菜单栏中选择【修改】|【页面属性】命令，或者在未选定任何对象的情况下单击"属性"面板中的【页面属性】按钮，都将打开如图2-75所示的"页面属性"对话框，可以在其中对每个页面的布局和格式进行属性设置，包括页面的默认字体系列、字体大小、背景颜色、边距、链接样式和其他页面参数。

(2) 选择"分类"列表中的"外观（CSS）"类别，可以设置基本页面布局选项。利用"页面字体"选项，可指定Web页面中使用的默认字体系列；利用"大小"选项，可指定在Web页面中使用的默认字体大小；利用"文本颜色"选项，可指定显示字体时使用的默认颜色，可以单击【文本颜色】框，然后从出现的颜色选择器中选择一种颜色，如图2-76所示。

图2-75 "页面属性"对话框

图2-76 设置文本颜色

(3) 要设置页面的背景颜色，只需单击"背景颜色"框，然后从颜色选择器中选择一种颜色即可。

(4) 要指定的图像作为页面背景，可单击"背景图像"选项右端的【浏览】按钮，然后从出现的"选择图像源文件"对话框中选择一种背景图像，如图2-77所示。如果图像不能填满整个窗口，Dreamweaver会平铺（重复）背景图像。

图2-77 设置页面背景图像

(5) 从"重复"下拉列表中可以选择背景图像在页面上的显示方式。其中，"不重复"选项将使背景图像仅显示一次；"重复"选项将横向和纵向重复或平铺背景图像；"横向重复"选项将只横向平铺背景图像；"纵向重复"选项将只纵向平铺图像，如图2-78所示。

(6) 分别在"左边距"、"右边距"、"上边距"和"下边距"文本框中指定页面左边距、右边距的大小,上边距、下边距的大小,如图2-79所示。边距的默认单位是像素。

图2-78 选择重复选项　　　　　　　　　　图2-79 设置页面边距

(7) 所有参数设置完成后单击【确定】按钮,即可看到设置效果,如图2-80所示。

图2-80 页面外观设置效果

(8) 选择"分类"列表中的"外观(HTML)"类别,可以利用其中的选项使页面采用HTML格式,而不是CSS格式,其设置选项如图2-81所示。

提示:外观(HTML)设置的主要选项如下。
- 背景图像:用于设置HTML页面的背景图像。
- 背景:用于设置页面的背景颜色。
- 文本:用于设置显示字体时使用的默认颜色。
- 链接:用于设置链接文本的颜色。
- 已访问链接:用于设置已访问链接的颜色。
- 活动链接:用于设置鼠标指针在链接上单击时的颜色。
- 左边距、右边距、上边距和下边距:用于指定页面左边距、右边距的大小,上边距和下边距的大小。边距的默认单位是像素。

(9) 选择"分类"列表中的"链接（CSS）"类别，可以定义默认字体、字体大小、链接的颜色、已访问链接的颜色和活动链接的颜色，其设置选项如图2-82所示。

图2-81 "外观（HTML）"类别

图2-82 "链接（CSS）"类别

提示：链接属性设置的主要选项如下。
- 链接字体：用于设置链接文本使用的默认字体系列。
- 大小：用于设置链接文本使用的默认字体大小。
- 链接颜色：用于设置应用于链接文本的颜色。
- 已访问链接：用于设置于已访问链接的颜色。
- 变换图像链接：用于设置鼠标移向链接时的颜色。
- 活动链接：用于设置鼠标移向链接并单击时的颜色。
- 下划线样式：用于设置链接的下划线样式。

(10) 选择"分类"列表中的"标题（CSS）"类别，可以定义各级标题的默认字体及颜色等参数，其设置选项如图2-83所示。

提示："标题（CSS）"设置的主要选项如下。
- 标题字体：用于设置指定Web页面中使用的默认字体系列。
- "标题1"~"标题6"：用于设置最多5个级别的标题标签使用的字体大小和颜色。

(11) 选择"分类"列表中的"标题/编码"类别，可指定特定于制作Web页面时所用语言的文档编码类型，以及指定要用于该编码类型的Unicode范式，其选项如图2-84所示。

图2-83 "标题（CSS）"类别

图2-84 "标题/编码"类别

提示："标题/编码"类别中的选项如下。

- 标题：用于设置在"文档"窗口和IE等浏览器窗口的标题栏中出现的页面标题，默认的标题为"无标题文档"。
- 文档类型：用于设置从下拉菜单中选择文档类型定义。比如，选择"XHTML 1.0 Transitional"或"XHTML 1.0 Strict"选项，可使HTML文档与XHTML兼容。
- 编码：用于设置文档中字符所用的编码。
- 【重新载入】按钮：单击该按钮，将转换现有文档或者使用新编码重新打开它。
- Unicode标准化表单：当选择UTF-8作为文档编码时，可以从列表中选择一种Unicode范式。其中，"范式C"是用于WWW的字符模型的最常用范式。
- "包括Unicode签名"复选项：用于设置是否在文档中包括一个字节顺序标记。

(12) 选择"分类"列表中的"跟踪图像"类别，可以在页面中插入一个供设计网页对象时参考的图像文件，其选项如图2-85所示。

图2-85 "跟踪图像"类别

提示："跟踪图像"类别的主要选项如下。

- 跟踪图像：用于指定在复制设计时作为参考的跟踪图像。该图像仅供设计网页对象时参考，并不影响最终的设计效果。
- 透明度：设置跟踪图像的不透明度。

课后练习

1．对你的计算机进行Windows服务器配置，以构建网站开发平台。

2．根据自己的兴趣爱好，创建和设置一个企业网站、购物网站、教育网站、下载网站、娱乐网站、个人网站或政务网站。创建网站后，再对网站进行编辑。

3．利用【文件】菜单中的【新建】命令或"文件"面板，在你创建的网站中创建一些空白的网页文档，并对这些文档进行管理，然后再分别设置各个网页的页面的属性。

第3课
文本处理

本课知识结构

网页中的网络信息大多是通过文字来提供的，文本是网页最基本、最重要的元素。Dreamweaver CS6提供了丰富而完善的文本处理功能，可以很方便地在页面中添加各种文字对象并对其进行美化处理，也可以在页面中添加并处理水平线、日期、特殊字符和符号等内容。本课将结合实例介绍网页文本的处理方法，知识结构如下：

就业达标要求

☆ 了解文本对象在网页中的表现形式
☆ 熟练掌握在页面中添加文本的方法
☆ 熟悉页面文本的编辑方法
☆ 理解CSS的功能和用途
☆ 掌握CSS规则的创建和编辑方法
☆ 掌握利用CSS美化文本的方法

3.1 实例:"总裁致词"页面(输入和编辑文本)

在页面文档中添加文本的方法很多,既可以直接在页面中输入文本,也可以将其他文档中的文本复制到页面中,还可以将ASCII文本文件、RTF文件和Microsoft Office文档等类型的文档导入到页面中。

本节以制作如图3-1所示的"总裁致词"页面为例,介绍输入和编辑文本的方法及技巧。制作效果请参考本书"配套素材\mysite\迪之化工有限公司\about\speech.html"文件,该页面将在第6课中利用模板进行美化,最终效果如图3-2所示。

图3-1 "总裁致词"页面

图3-2 美化后的"总裁致词"页面

1. 添加页面文本

(1) 启动Dreamweaver CS6,在"文件"面板的"迪之化工"站点下的about文件夹中新建一个名为speech.html的网页文件,如图3-3所示。

(2) 双击"文件"面板中名为speech.html的网页文件,在编辑区中打开该文件,如图3-4所示。

图3-3 新建网页文件

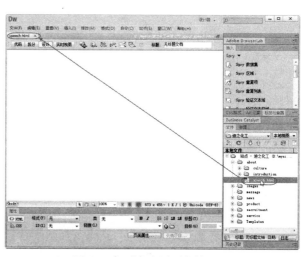

图3-4 打开空白网页文件

(3) 将光标定位到"文档"窗口中，然后选择一种汉字输入法，直接输入需要的文字内容，如图3-5所示。

(4) 要强制换行，只需按下【Enter】键，然后再输入相关文本内容，当输入的文本超过窗口右侧时，将自动换行，如图3-6所示。

图3-5 直接输入文本

图3-6 文本换行的两种形式

(5) 默认情况下，Dreamweaver文档中的两个字符之间最多只允许有一个空格符，且段首不能添加空格。因此，在输入文本时，按下键盘上的空格键后并不能插入空格。要在文档中添加其他空格，可将光标定位到需要添加空格的位置，然后在"插入"面板的"文本"类别中单击【字符】按钮，从出现的菜单中选择【不换行空格】命令，添加一个空格（半角的空格），如图3-7所示。

(6) 将光标定位到需要添加空格的位置，从菜单栏中选择【插入】|【HTML】|【特殊字符】|【不换行空格】命令，也可以在当前光标处插入一个半角的空格，如图3-8所示。

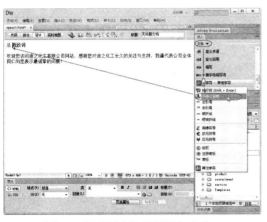
图3-7 用"插入"面板添加空格

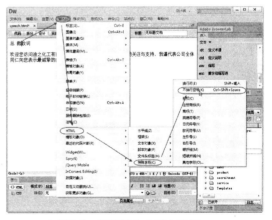
图3-8 用菜单命令插入空格

(7) 将光标定位到需要添加空格的位置，按下【Shift】+【Ctrl】+【Space（空格）】组合键，也可以添加空格，如图3-9所示。

图3-9 用快捷键插入空格

提示：从菜单栏中选择【编辑】|【首选参数】命令，打开"首选参数"对话框，在"常规"类别中选中"允许多个连续的空格"选项，便能直接使用空格键插入任意多个连续空格，如图3-10所示。

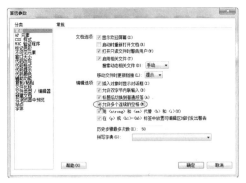 

图3-10　设置首选参数后直接插入空格

2．复制其他程序中的文本

（1）使用复制/粘贴的方法，可以将其他程序中的文本复制到Dreamweaver CS6文档中。先打开包含文本内容的应用程序窗口，选定需要的文本内容。比如，选定"记事本"窗口中的部分文本内容，如图3-11所示。

（2）按下【Ctrl】+【C】组合键，将选定的内容复制到剪贴板中。

（3）切换到Dreamweaver CS6，将文本光标定位在"文档"窗口中需要插入文本的位置，然后从菜单栏中选择【编辑】|【粘贴】命令（或按下【Ctrl】+【V】组合键），即可将剪贴板中的文本内容粘贴出来，如图3-12所示。

 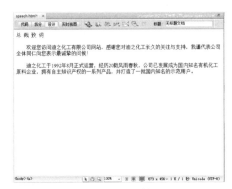

图3-11　在"记事本"窗口中选定文本　　　　图3-12　复制效果

注意：Dreamweaver不保留在其他应用程序中应用的文本格式，只保留换行符和样式。在将复制到剪贴板中的文本粘贴到Dreamweaver文档中时，如果选择【编辑】|【选择性粘贴】命令（快捷键为【Ctrl】+【Shift】+【V】），将出现如图3-13所示的"选择性粘贴"对话框，可以在其中设置粘贴格式选项，以不同的方式指定所粘贴文本的格式。

3．导入文本

（1）Dreamweaver允许将文本文件、RTF文件、MS Office文件的内容导入到网页文档中。要导入，应先将文本光标定位在"文档"窗口中需要插入文本的位置，如图3-14所示。

图3-13 "选择性粘贴"对话框

图3-14 定位光标

(2) 从菜单栏中选择【文件】|【导入】|【导入Word文档】命令,出现"导入Word文档"对话框,在其中选择要导入的Word格式的文件,如图3-15所示。

(3) 在"导入Word文档"对话框的"格式化"下拉列表中根据需要选择一种导入格式,如图3-16所示。

图3-15 选择Word格式的文件

图3-16 选择导入格式

(4) 单击【打开】按钮可将Word文档的内容导入在页面中,效果如图3-17所示。

图3-17 导入效果

4．插入日期

(1) 在"文档"窗口中,将插入点放在要插入日期的位置。

(2) 从菜单栏中选择【插入】|【日期】命令,出现"插入日期"对话框。

(3) 根据需要选择"星期格式"、"日期格式"和"时间格式"。

(4) 如果希望在每次保存文档时都更新插入的日期,需要选中"储存时自动更新"复选项。

(5) 设置完成后单击【确定】按钮,即可插入日期,如图3-18所示。

图3-18　插入日期

(6) 选择日期对象后,利用日期"属性"面板可以对其进行设置。

5．修改文本内容

(1) 对在"文档"窗口中添加的文本内容可以像"记事本"、Microsoft Office Word等软件一样进行修改。比如,要在某段的段首添加空格,只需将光标定位到需要插入空格的位置,再插入需要的空格即可,如图3-19所示。

(2) 如果要修改文档中输入错误的文字,只需拖动鼠标选定相应的内容,再重新输入即可,如图3-20所示。

(3) 要将文本内容换行,可将光标定位到需要换行的位置,然后按下【Enter】键换行即可,如图3-21所示。

图3-19　在段首添加空格　　图3-20　选定输入错误的文字　　图3-21　文本内容换行

(4) 要删除多余的字符,只需拖动鼠标选定相应的内容,再按下【Delete】键将其删除即可,如图3-22所示。

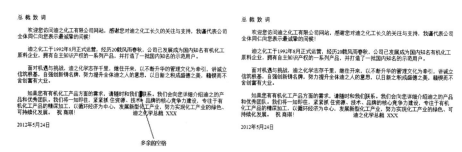

图3-22　删除多余的字符

(5) 用同样的方法修改其他文本内容，效果如图3-23所示。

图3-23 编辑效果

6．查找和替换文本

(1) 从菜单栏中选择【编辑】|【查找和替换】命令，出现"查找和替换"对话框，如图3-24所示。
(2) 在如图3-25所示的"查找范围"下拉列表中，可以指定要搜索的文件。其中，"所选文字"选项用于搜索在活动文档中当前选定的文本；"当前文档"选项用于指定只搜索活动文档；"打开的文档"选项用于搜索当前打开的所有文档；"文件夹"选项用于搜索特定文件夹；"站点中选定的文件"选项用于搜索在"文件"面板中当前选定的文件和文件夹；"整个当前本地站点"用于搜索当前站点中的全部HTML文档、库文件和文本文档。

图3-24 "查找和替换"对话框

图3-25 "查找范围"下拉列表

(3) 在如图3-26所示的"搜索"下拉列表中可以设置要执行的搜索类型。其中，"源代码"选项，可以在HTML源代码中搜索特定的文本字符串；"文本"选项用于在文档的文本中搜索特定的文本字符串；"文本（高级）"选项用于搜索在标签内或不在标签内的特定文本字符串；"指定标签"选项用于搜索特定标签、属性和属性值。
(4) 在"查找"框中输入要查找的文本内容，本例输入"迪之化学"几个字，如图3-27所示。

图3-26 "搜索"下拉列表

图3-27 输入要查找的文本

(5) 选定"选项"区中的"区分大小写"选项,将只搜索大小写完全匹配的文本;选中"忽略空白"选项,会将所有空白视为单个空格以实现匹配;选中"全字匹配"选项,将只搜索匹配一个或多个完整单词的文本;选中"使用正则表达式"选项,将只搜索字符串中的特定字符和短字符串(如 ?、*、\w 和 \b 等)解释为正则表达式运算符。

(6) 单击【查找下一个】按钮,将跳转到并选中当前文档中搜索文本或标签的下一个匹配项,如图3-28所示。

(7) 再次单击【查找下一个】按钮,又将光标定位到与查找内容匹配的另一个内容并将其选定。

(8) 如果单击【查找全部】按钮,将会在"结果"面板中打开"搜索"面板,并在面板中将显示出搜索文本或标签的所有匹配项(带有部分上下文),如图3-29所示。如果在目录或站点中搜索,单击【查找全部】按钮将显示包含该标签的文档列表。

图3-28 查找结果

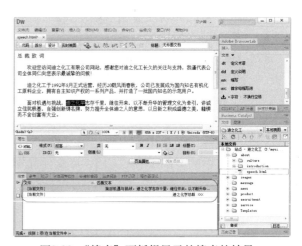

图3-29 "搜索"面板组显示的搜索的结果

(9) 如果要替换找到的文本或标签,应先在"查找和替换"对话框的"查找"框中输入待替换的字符,然后在"替换"框中输入替换的字符,再单击【替换】或【替换全部】按钮。如图3-30所示为将"迪之化学"全部替换为"迪之化工"的过程。

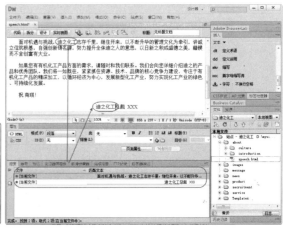

图3-30 全部替换查找内容

> 提示：另外，使用菜单栏中的【命令】|【检查拼写】命令可以对文档中的拼写情况进行检查。但Dreamweaver CS6没有提供中文拼写字典，不能对中文进行拼写检查。默认情况下，拼写检查器使用美国英语拼写字典。

7．插入水平线

(1) 在网页中，可以使用一条或多条水平线以可视方式分隔文本和对象，从而方便对页面信息的组织。要插入水平线，可在"文档"窗口中，将插入点置于要插入水平线的位置，然后从菜单栏中选择【插入】|【HTML】|【水平线】命令，即可插入一条水平线，如图3-31所示。

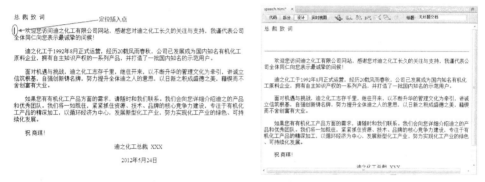

图3-31　插入水平线

(2) 插入水平线后，可以利用"属性"面板来对其进行修改。在"文档"窗口中选中要修改的水平线，在水平线的"属性"面板中即可出现相应的属性参数，如图3-32所示。

图3-32　水平线的"属性"面板

(3) 要修改水平线的宽和高，可以以像素为单位或以页面尺寸百分比的形式指定水平线的宽度和高度，如图3-33所示。

(4) 要设置水平线的对齐方式，可从"对齐"下拉列表中选择"默认"、"左对齐"、"居中对齐"或"右对齐"等选项。

(5) 默认情况下，已经为水平线设置了阴影效果。取消"阴影"选项则会使用纯色显示水平线。

(6) 设置完成后单击文档窗口中水平线之外的任意位置，即可完成对水平线的设置，效果如图3-34所示。

图3-33 指定水平线的宽度和高度

图3-34 水平线设置效果

提示：特殊字符在HTML中以名称或数字的形式表示，它们均被称为实体。HTML包含版权符号（©）、"与"符号（&）、注册商标符号（®）等字符的实体名称。每个实体都有一个名称（如 —）和一个数字等效值（如 —）。要在文档中插入特殊字符，应先在"文档"窗口中，将文本光标放在要插入特殊字符的位置，然后从菜单栏中选择【插入】|【HTML】|【特殊字符】命令，在如图3-35所示的子菜单中选择要插入的对象后，即可在文档中出现所选定的符号。要插入更多的特殊字符，可选择【插入】|【HTML】|【特殊字符】|【其他字符】命令。

---

(7) 在"文档标题"栏中输入文档的标题信息，如图3-36所示。"文档标题"将出现在浏览器的标题栏中。

图3-35 "特殊字符"子菜单

图3-36 设置文档标题

(8) 使用快捷键【Ctrl】+【S】保存当前文档，然后按下【F12】键在系统默认浏览器中即可预览制作完成的页面。

3.2 实例："企业文化"页面（用CSS美化文本）

在Dreamweaver文档中添加文本后，可对文本进行必要的格式设置。文本的格式化包括段落格式和字符格式两个方面的内容。Dreamweaver使用CSS（层叠样式表）对页面的布局、字体、颜色、背景和其他效果进行精确的控制。CSS能非常精确地定位文本和图片，很好地控制Web页内容的外观，一般都用CSS样式来美化页面，并能将页面的内容与表示形式分离开。

CSS的主要作用是，解决因使用HTML语言而不能将结构和显示分离，导致在不同的浏览器中不能正常显示同一页面的问题。CSS是一种定义Web元素显示的样式，其中层叠是指对同一个元素的不同属性可以添加多种样式。CSS中的样式属性直接作用于HTML元素，使得网页的制作工作就像在Word中进行排版一样简单方便。CSS除可以控制文本属性外，还能对图像、对象位置、鼠标指针、表格等加以控制，同时还可一次性控制多个页面的所有元素或整个网站的风格统一。对于一个网站来说，只需要更改CSS中定义的属性即可自动更新所有使用该样式的页面，达到结构和显示分离的目的，大大提高了制作网页的效率。

本节以制作如图3-37所示的"企业文化"页面为例，介绍用CSS美化文本的方法及技巧。制作效果请参考本书"配套素材\mysite\迪之化工有限公司\about\culture\ culture.html"文件。该页面也将在第6课中利用模板进行美化，最终效果如图3-38所示。

图3-37 "企业文化"页面

图3-38 "企业文化"页面美化效果

1．添加文字

（1）启动Dreamweaver CS6，在"文件"面板的"迪之化工"站点下的about\culture文件夹中新建一个名为culture.html的网页文件。
（2）双击"文件"面板中名为culture.html的网页文件，在编辑区中打开该文件。
（3）从菜单栏中选择【插入】|【表格】命令，在出现的"表格"对话框中将表格的大小设置为9行2列，宽度为600像素，其余参数设置如图3-39所示。
（4）单击【确定】按钮，即可在文档窗口插入一个9行2列的表格，如图3-40所示。

图3-39 表格参数设置

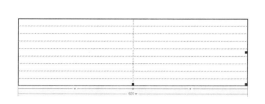
图3-40 表格插入效果

(5) 拖动鼠标选中表格的第1行的两个单元格，然后单击表格"属性"面板中的【合并单元格】按钮，将第1行的两个单元格合并为1个单元格，如图3-41所示。

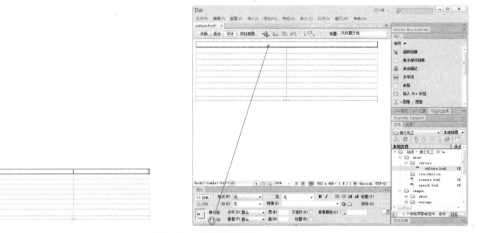

图3-41 合并单元格

(6) 拖动鼠标选中表格的各行，然后在表格"属性"面板中将"水平"对齐方式设置为"居中对齐"，如图3-42所示。设置后，在表格各单元格中添加内容时，会自动水平居中。

(7) 要在单元格中输入文字，只需将光标定位到相应的单元格中，然后输入需要的内容即可，本例的输入情况如图3-43所示。

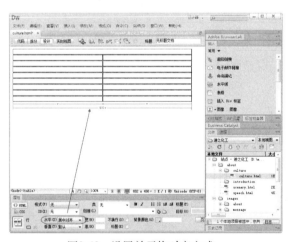

图3-42 设置单元格对齐方式　　　　　图3-43 在各单元格中添加文字

2．新建CSS规则

(1) CSS样式分为外部样式和内部样式两种类型。创建外部样式文件可通过新建CSS样式表文件来获得。从菜单栏中选择【窗口】｜【CSS样式】命令，打开"CSS样式"面板。

(2) 单击"CSS样式"面板中的【新建CSS规则】按钮。在出现的"新建CSS规则"对话框中选择"类"选项，如图3-44所示。

图3-44 "新建CSS规则"对话框

提示： 从菜单栏中选择【文件】|【新建】命令，在出现的"新建文档"对话框中的"空白页"下选择"CSS"选项，再单击【创建】按钮，也可以打开"新建CSS规则"对话框并创建外部CSS样式表文件。用"新建文档"对话框创建的样式文件是一个纯CSS代码文件，不能包括HTML代码。对于高级用户，可在编辑窗口中直接输入CSS代码；对于初学者来说，推荐使用"新建CSS规则"对话框来创建CSS样式。

(3) 在"选择器名称"文本框中输入选择器的名称（本例输入zw1），然后从"规则定义"列表中选择一种定义规则的位置。如果定义该样式到外部CSS文件，应在"规则定义"列表中选择"新建样式表文件"，否则选择"仅对该文档"。本例选择"新建样式表文件"，如图3-45所示。

提示： 建立CSS规则分为类、ID、标签和复合内容几种类型，可以从如图3-46所示的"选择器类型"列表中选择。要建立不同功能的CSS规则，应从"选择器类型"下拉列表中选择相应选项，各选项的区别如下。

- "类"选项：用于创建自定义CSS样式类，可以应用到页面的任何元素上。选择该选项，用户必须在下面的"名称"文本框中输入以英文字母或句点开头的字母，否则将出现警告提示。Dreamweaver CS6最终生成的样式类都会自动在名称前加上句点，以区别该样式是自定义类。为便于识别，建议在自定义类时以样式应用范围、大小、特征等顺序来定义名称，这样有助于快速确定样式应用范围。比如，本例中的zw是汉语拼音缩写，表示"正文"。
- "ID"选项：用于创建包含特定ID属性的标签的格式。选择该项时，应在"名称"框中输入唯一的ID名称。ID必须以#号开头，且可以包含任何字母和数字组合（如#ID01）。
- "标签"选项：用于重新定义特定HTML标签的默认格式。
- "复合内容"选项：用于定义同时影响两个或多个标签、类或ID的复合规则。

 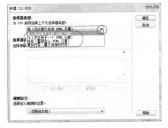

图3-45 CSS规则的参数设置　　　　图3-46 选择器类型

(4) 设置好CSS规则的参数后，单击"新建CSS规则"对话框中的【确定】按钮，出现"将样式表文件另存为"对话框，在其中输入CSS样式的文件名，并设置好文件的保存位置，如图3-47所示。

(5) 单击【保存】按钮，出现".zw1的CSS规则定义"对话框，在"类型"选项组中将字号为12pt，颜色为黑色，并将"Text-decoration（修饰）"选项设置为"none（无）"，如图3-48所示。

提示： "CSS规则定义"对话框中提供了67种不同的CSS样式属性定义，它们被分类安排在8大类别中。"类型"选项主要针对文本设置样式，是页面最基本的样式属性。主要选项如下。

- "Font-family（字体）"下拉列表：用于定义页面中的字体，一般选择宋体。如果要选择其他字体，可以在下拉列表中选择"编辑字体列表"命令，此时将出现"编辑字体列表"对话框，在该对话框中添加字体。

图3-47　CSS样式的保存参数设置　　　图3-48　设置"类型"参数

- "Font-size（大小）"下拉列表：定义字体的字号，可以输入数字再选择单位。建议使用点（pt）作为单位，因为以这种单位设置的字号不会随显示器分辨率的改变而改变，可以在不同分辨率下显示相同大小的文字。
- "Font-style（样式）"下拉列表：用于定义文字的风格，包括"正常"、"斜体"、"偏斜体"。
- "Line-height（行高）"下拉列表：用于设置行间距。既可以输入数字，也可以选择"正常"。行间距单位一般使用"%"。如果是100%，表示行之间没有距离；如果是150%，表示行距是文字高度的50%，这样可以保证行距随文字大小变化而变化。如果使用其他单位，则表示行距为绝对距离。
- "Text-decoration（修饰）"选项：对文字进行修饰，几个复选框分别是"下划线"（给文字添加下划线）、"上划线"（给文字添加上划线）、"删除线"（给文字添加删除线）、"闪烁"（给文字添加闪烁效果，只能在Netscape浏览器下使用）、"无"（无任何修饰）
- "Font-weight（字体粗细）"下拉列表：设置文字的粗细，该功能不常用。
- "Font-variant（变体）"下拉列表：设置文字的大小写。使用"小型大写字母"可缩小所有大写字母。
- "Text-transform（大小写）"下拉列表：设置英文字母大小写，与"变体"类似，不同在于该选项只对英文字体有效。
- "Color（颜色）"选项：设置文字的颜色。

(6) 在".zwl的CSS规则定义"对话框的"分类"列表中选择"背景"选项，右边将出现背景样式设置选项，如图3-49所示。

提示：主要的"背景"选项如下。
- "Background-color（背景颜色）"选项：设置选定元素背景。如应用元素是文字，则设置的是文字背景色；如应用在页面或表格上，则设置的是页面或表格背景色。
- "Background-image（背景图像）"下拉列表：与"背景颜色"相似，使用图像作为背景。
- "Background-repeat（重复）"下拉列表：可以设置背景图像的重复方式，包括"不重复"、"重复"、"横向重复"、"纵向重复"。
- "Background-attachment（附件）"下拉列表：附加说明背景图是否跟随网页滚动。
- "Background-position（X）（水平位置）"下拉列表：设置背景出现的水平位置，可以选择对齐方式或者输入数字。注意：只有当"重复"设置为"不重复"时，该选项才有效。
- "Background-position（Y）（垂直位置）"下拉列表：设置背景出现的垂直位置，和"水平位置"相似。

(7) 在".zwl的CSS规则定义"对话框的"分类"列表中选择"区块"选项，右窗格中将出现区块样式设置选项，如图3-50所示。

图3-49　背景样式设置选项

图3-50　区块样式设置选项

提示：区块样式定义是对文本段落控制的扩充，其中的主要选项如下。
- "Word-spacing（单词间距）"下拉列表：设置英文单词之间的距离，使用正值增加间距，负值减少间距。
- "Letter-spacing（字母间距）"下拉列表：设置英文字母间距。
- "Vertical-align（垂直对齐）"下拉列表：设置文本垂直对齐方式，包括"基线"、"下标"、"上标"、"顶部"、"文本顶对齐"、"中线对齐"、"底部"、"文本底对齐"和自定义结合。
- "Text-align（文本对齐）"下拉列表：设置文本水平对齐方式，包括"左对齐"、"右对齐"、"居中"、"两端对齐"。
- "Text-indent（文字缩进）"下拉列表：对于中文文字的首行缩进进行控制，文字缩进长度为字体大小的倍数。
- "White-space（空格）"下拉列表：设置在源代码中如何处理空格。"正常"表示去掉多余空格，"保留"表示保留所有空格，"不换行"表示文字不自动换行，只有遇到
标签才换行。
- "Display（显示）"下拉列表：指定如何显示元素，该设置不常用。

(8) 在".zwl的CSS规则定义"对话框的"分类"列表中选择"方框"选项,右窗格中将出现方框样式设置选项,如图3-51所示。

提示:方框样式主要设置图像大小、图像边缘空白及文字环绕效果等。其中的主要选项如下。
- "Width(宽)"和"Height(高)"下拉列表:设置图像或者AP Div元素的大小。
- "Float(浮动)"下拉列表:设置文字等对象的环绕效果。
- "Clear(清除)"下拉列表:该选项只对图像有用,设置图像一侧不允许出现AP Div元素。如果选"两者"表示图像左右都不允许出现AP Div元素。
- "Padding(填充)"区域:定义元素的边界与该元素内容之间的空白区域大小。
- "Margin(边界)"区域:定义元素的边界与其他元素的边界之间的空白区域大小。

(9) 在".zwl的CSS规则定义"对话框的"分类"列表中选择"边框"选项,右窗格中将出现边框样式设置选项,如图3-52所示。

提示:边框样式可以为页面元素添加边框,设置边框样式及颜色等。其中的主要选项如下。
- "Style(样式)"区域:设置边框线的样式,包括"无"、"点划线"、"虚线"、"实线"、"双线"、"槽线"、"脊状"、"凹陷"、"凸出"。
- "Width(宽度)"区域:设置边框的宽度。可以选择相对值或输入数字。
- "Color(颜色)"区域:设置对应边框线的颜色。

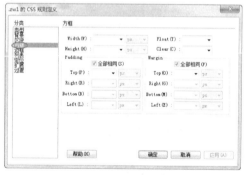

图3-51 方框样式设置选项

图3-52 边框样式设置选项

(10) 在".zwl的CSS规则定义"对话框的"分类"列表中选择"列表"选项,右窗格中将出现列表样式设置选项,如图3-53所示。

提示:列表样式可以对并列文字进行排列,在HTML中普通列表的项目符号只有数字和圆点,CSS中的项目符号设置丰富了列表外观。其中的主要选项如下。
- List-style-type(列表样式类型)下拉列表:用于设置列表符号样式。可以选择"圆点"、"圆圈"、"方块"、"数字"、"小写罗马数字"、"大写罗马数字"、"小写字母"、"大写字母"、"无"。
- List-style-image(列表符号图像)下拉列表:用于设置项目符号为指定图片。
- List-style-Position(列表符号位置)下拉列表:用于设置文字缩进方式。选择"外"为首行缩进,选择"内"为悬垂缩进。

(11) 在".zwl的CSS规则定义"对话框的"分类"列表中选择"定位"选项,右窗格中将出现定位样式设置选项,如图3-54所示。

图3-53 列表样式设置选项

图3-54 定位样式设置选项

提示: 定位样式设置主要针对AP Div元素,也可以将页面中已有的对象转变为AP Div元素的内容。其中的设置选项除"Position(位置)"下拉列表外,其他选项与AP Div元素"属性"面板上的相应属性相同。

"Position(位置)"下拉列表用于设置AP Div元素的定位方式,可以选择"absolute(绝对)"、"relative(相对)"、"fixed(固定)"、"static(静态)"4个选项之一。其中,"绝对"选项用于使AP Div元素以编辑窗口左上角作为原点定位;选择"相对"时,AP Div元素以父容器左上角作为原点,按照在"定位"区域中输入的数值定位;"固定"类似于背景样式中的固定属性,但不支持IE,只能在Firefox浏览器中使用;"静态"为固定AP Div元素位置,使AP Div元素不移动,其位置由标记符号所在位置决定。

(12) 在".zwl的CSS规则定义"对话框的"分类"列表中选择"扩展"选项,右窗格中将出现扩展样式设置选项,如图3-55所示。

提示: 扩展样式的设置选项如下。

- "分页"区域:通过样式在网页中插入分页符,主要用于进行打印控制。其中,"Page-break-before"选项用于在指定的标签前强制换页;"Page-break-after"选项用于在指定的标签后强制换页。
- "视觉效果"区域:其中,"Cursor(视觉效果)"选项用于改变鼠标光标在页面对象上的形状,当鼠标移动到设置了该样式的对象元素上时,光标将发生改变。具体形状包括"crosshair"(十)、"text"(I)、"wait"(⌛)、"default"(↖)、"help"(?)、"e-resize"(↔)、"ne-resize"(↗)、"n-resize"(↕)、"nw-resize"(↖)、"w-resize"(↔)、"sw-resize"(↙)、"s-resize"(↕)、"se-resize"(↘)、"auto"(自动选择)。"Filter(滤镜)"下拉列表用于通知浏览器用滤镜来显示特效,在"过滤器"下拉列表中共有16项滤镜,每项都有相应参数需要设置。

(13) 在".zwl的CSS规则定义"对话框的"分类"列表中选择"过渡"选项,右窗格中将出现过渡样式设置选项,如图3-56所示。

图3-55　扩展样式设置选项

图3-56　过渡样式设置选项

提示：使用CSS过渡样式可将平滑属性变化应用于页面元素，以响应触发器事件，如悬停、单击和聚焦。主要选项如下。

- "所有可动画属性"选项：选中该项，将对所有属性使用相同的过渡效果。
- "属性"选项：取消对"所有可动画属性"选项的选择后，可以对每个属性使用不同的过渡效果。单击"属性"选项后面的【添加】按钮 ，将向过渡效果添加CSS属性；单击"属性"选项后面的【删除】按钮，则从过渡效果中删除指定的CSS属性。
- "持续时间"选项：用于设置过渡效果的持续时间，其单位是秒（s）或毫秒（ms）。
- "延迟"选项：用于设置在过渡效果开始之前的时间。
- "计时功能"选项：用于选择过渡效果样式。

(14) 所有参数设置完成后单击【确定】按钮，即可在"CSS样式"面板中看到所定义的样式，如图3-57所示。

(15) 再单击"CSS样式"面板中的【新建CSS规则】按钮。在出现的"新建CSS规则"对话框中将选择器命名为zw2，从"选择定义规则的位置"列表中选择已经保存的名为mystyle的样式表，然后单击【确定】按钮并设置.zw2的CSS规则的参数，如图3-58所示。

图3-57　.zw1样式设置效果

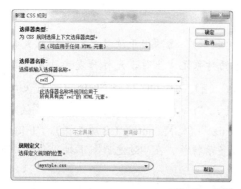

图3-58　创建名为.zw2的CSS规则

(16) 再创建一个名为.bt1的CSS规则，参数设置如图3-59所示。

(17) 单击【确定】按钮，进入".bt1的CSS规则定义"对话框，在"类型"选项组的"字体"下拉列表中选择"编辑字体列表"选项，如图3-60所示。

图3-59　创建名为.bt1的CSS规则

图3-60　选择"编辑字体列表"选项

(18) 在出现的"编辑字体列表"对话框的"可用字体"列表中选择"黑体"，然后单击【添加】按钮◁将其添加到"选择的字体"列表中，如图3-61所示。

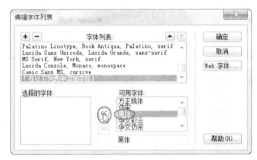

图3-61　选择字体

(19) 单击【确定】按钮返回".bt1的CSS规则定义"对话框，在"类型"选项组的"字体"下拉列表中即可看到所添加的"黑体"字体，如图3-62所示。

(20) 将.bt1的字体设置为"黑体"，其他参数设置如图3-63所示。单击【确定】按钮，即可创建名为.bt1的CSS规则。

图3-62　字体添加效果

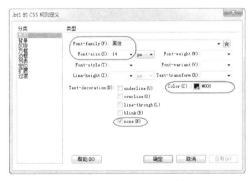

图3-63　.bt1的CSS规则的参数设置

(21) 用同样的方法创建名为.bt2的CSS规则，参数设置如图3-64所示。

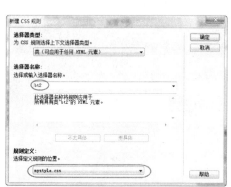 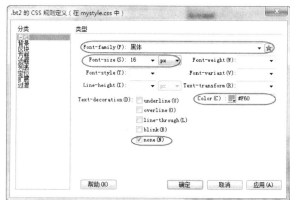

图3-64 .bt2的CSS规则的参数设置

(22) 所有规则创建完成后，即可在"CSS样式"面板中看到如图3-65所示的规则创建效果。

3．应用样式

(1) 无论是外部样式还是页面内部的内联样式，将其应用到页面元素上的方法都是相同的。页面元素可以是文本、图片、整个段落、链接、表格等任何可以在页面上显示的对象。要使页面元素显示定义的样式，必须先选中页面元素，再应用样式。本例在文档窗口中选择文字对象"企业文化"。

(2) 在"属性"面板中单击【CSS】按钮，切换到文本的CSS"属性"面板。

(3) 在"属性"面板中单击"目标规则"右侧的下拉箭头，从出现的下拉列表中选择需要应用的样式（本例选择名为.bt2的样式），所选的样式即可应用到文本上，如图3-66所示。

 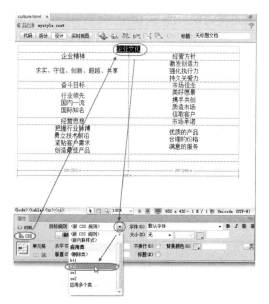

图3-65　CSS规则创建效果　　　　图3-66　为文字应用名为.bt2的样式

(4) 应用样式后,可以在"属性"面板中看到CSS规则中定义的样式参数,如图3-67所示。

(5) 要修改样式参数,可以直接在"属性"面板中进行。比如,要将标题文字的字号由16像素增大到22像素,只需直接在"属性"面板的"大小"框中输入数字22即可,效果如图3-68所示。

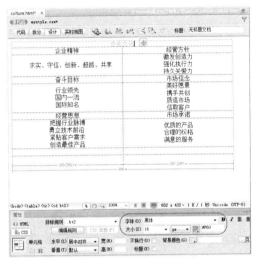 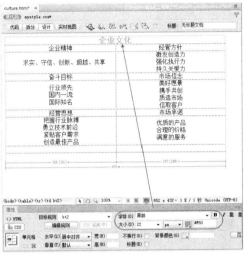

图3-67 样式参数　　　　　　　　　图3-68 利用"属性"面板修改样式参数

提示:利用"属性"面板中的【粗体】图标**B**或【斜体】图标*I*,可以设置文字的字形;利用"颜色"选项,可以更改当前选定文本的颜色。要设置段落对齐方式,可以将文本光标移动到要设置对齐方式的段落中,然后在"属性"面板中单击【左对齐】图标≡、【右对齐】图标≡、【居中对齐】图标≡或【两端对齐】图标≡,即可进行对齐操作。此外,将文本光标放在要缩进的段落中,然后在"属性"面板中单击【HTML】按钮,切换到文本的HTML属性设置状态,利用其中的【缩进】图标≛,可实现文本缩进;利用【凸出】图标≛,可取消缩进。此外,使用"属性"面板中的【编号列表】图标≡和【项目列表】图标≡,可分别创建出项目列表和编号列表。

(6) 用同样的方法,对"文档"窗口中的其他文字应用不同的CSS样式,效果如图3-69所示。

图3-69 对其他文字应用不同CSS样式

提示:要取消某些元素上应用的样式,可以先选中要取消样式的元素,然后在HTML"属性"面板中选择"类"下拉列表中的"无"选项,即可取消选定元素的样式,如图3-70所示。

图3-70　取消应用样式

（7）将光标定位到"企业文化"几个字所在单元格中，利用"属性"面板中的"高"选项，可以设置单元格的高度，如图3-71所示。

（8）用同样的方法设置其他单元格的高度。

（9）选定整个表格，利用"属性"栏中的"背景颜色"选项，可以设置表格的背景色，如图3-72所示。

图3-71　设置单元格的高度　　　　　图3-72　设置表格的背景色

（10）在"标题"栏中输入文档的标题信息，如图3-73所示。

（11）保存文档，然后按下【F12】键在系统默认浏览器中即可预览制作完成的页面。

4．"CSS样式"面板的操作

（1）"CSS样式"面板主要用于创建和修改CSS样式。在该面板中创建样式，不需要设计者书写CSS代码，只需在面板中简单选择相应属性即可，有利于设计者将精力集中在页面最终效果上。激活"CSS样式"面板后，单击该面板中的【全部】选项卡，切换到如图3-74所示的"全部"模式，显示当前页面中全部CSS样式。

图3-73　设置文档标题　　　　　　　　　图3-74　"全部"模式

- **提示**："全部"模式中各选项的含义如下。
  - "所有规则"栏：该栏下面的文本框用于显示页面中设置的全部样式。
  - "属性"栏：在"所有规则"栏中选择样式名称后，在该栏下面将显示当前使用的CSS样式属性，也可快速添加其他属性到当前样式中。
  - 【显示类别视图】按钮：单击该按钮，在属性栏中将显示分类的CSS属性。对于CSS属性共分为9类，这是CSS属性的默认显示方式。
  - 【显示列表视图】按钮：单击该按钮，在属性栏中将以列表形式显示CSS属性，如图3-75所示。
  - 【只显示设置属性】按钮：单击该按钮（如图3-76所示），在属性栏中只显示"所有规则"中选中的样式，并可以在该样式中添加新的属性。

图3-75　以列表形式显示　　　　图3-76　【只显示设置属性】按钮

- 【附加样式表】按钮：单击该按钮可以导入外部CSS样式文件。
- 【新建CSS样式规则】按钮：单击该按钮可以新建样式。

- 【编辑样式】按钮：单击该按钮，可以编辑已经存在的样式。
- 【删除CSS样式】按钮：单击该按钮，可以删除已经存在的样式。

(2) 单击"CSS样式"面板中的【当前】选项卡，将切换到"当前"模式，如图3-77所示。

提示："当前"模式中的主要选项如下。
- "所选内容的摘要"栏：该栏下面将显示页面中选定元素的样式属性。
- 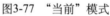按钮：单击该按钮将显示"关于"栏，在"关于"栏下方显示所选元素属性的相关信息，如图3-78所示。

图3-77 "当前"模式　　　　图3-78 "关于"栏

- 按钮：单击该按钮将显示"规则"栏，在"规则"栏下方显示所选标签的规则层叠。默认情况下显示的便是"规则"栏。

(3) 对样式的操作除使用"CSS样式"面板外，还可以使用该面板右上方的【扩展】按钮。单击该按钮，将出现如图3-79所示的菜单，CSS样式的其他操作都集中在这个菜单上。

图3-79 "CSS样式"面板菜单

第3课 文本处理

提示：在"CSS样式"面板中选择一种样式，菜单中的【编辑】、【复制】等命令将变为可用。其中【编辑】命令用于重新定义样式；【复制】命令用于复制已有的样式，适合对样式进行细小改动或转移存放位置；【套用】命令用于将选定的样式应用到网页对象上；【删除】命令只能通过右键单击相应样式名称才变为可用，用于删除选定样式。

(4) 在"CSS样式"面板中使用鼠标双击要编辑的样式，此时将出现该样式的"CSS规则定义"对话框，该对话框与"新建CSS样式"对话框相同，在其中可以定义CSS样式的8大类别。另外，也可以先单击样式名称，然后单击"CSS样式"面板下的编辑按钮（ ），同样会出现当前选中样式的"CSS规则定义"对话框。

(5) 在"CSS样式"面板中选择相应样式，在该面板下面的属性列表中直接修改样式的属性参数，也可以对样式进行编辑。比如，更改样式的字号大小，只需单击"font-size"选项，然后输入新的字号即可，如图3-80所示。

(6) 对于不需要的样式，可以用鼠标右键单击样式名称，从出现的快捷菜单中选择【删除】命令将其删除。也可先选中欲删除的样式，使用鼠标左键单击"CSS样式"面板下方的【删除】按钮 或者直接按【Delete】键。

(7) 为了快速建立网站CSS样式，可以对已经定义的样式进行复制、更名，再修改其中部分样式，使其个性化。这样既节省了定义样式的时间、提高了制作效率，又可保证应用的样式是当前许多网站流行的样式。在"CSS样式"面板中使用鼠标右键单击需要复制的样式，在出现的快捷菜单中选择【复制】命令，出现"复制CSS规则"对话框，如图3-81所示。该对话框和"新建CSS规则"对话框是相同的，系统自动为复制的样式命名。

图3-80 在"CSS样式"面板中更改字号

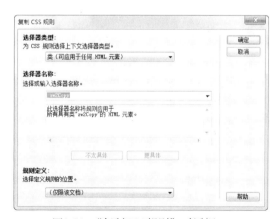
图3-81 "复制CSS规则"对话框

(8) 利用"复制CSS规则"对话框，不仅可以重新定义复制的样式名称，还可以重新定义选择器的类型和样式范围。单击【确定】按钮后将在所选范围中生成新样式。

提示：复制样式已经包含了重命名样式操作，但如果要单独重命名样式名称，可以选择【重命名类】命令。只能对自定义类样式的名称进行重命名。

课后练习

1．在第2课课后练习所创建的站点中创建一些以文本为主的页面。

2．在Word中创建一些文本内容，然后将其复制到你的网页文档中。

3．对你的页面文档进行编辑处理，并在其中适当的位置插入日期、水平线和特殊符号。

4．创建一个CSS样式表文件，然后定义一些规则，对已经制作的文本页面进行修饰和美化。

第 4 课
图像处理

本课知识结构

和文字一样,图像也是网页最重要的元素之一。页面中的图像对象既可以吸引访问者的眼球,也能使网页的表现力更加丰富。Dreamweaver CS6提供了非常强大的图像处理功能,可以灵活地在页面中添加多种格式的图像文件,也可以插入图像占位符和导航条。插入图像后,还可以在设计视图中对对象进行必要的设置和编辑处理。本课将结合实例介绍网页图像的处理方法,知识结构如下:

网页图像处理 { 插入图像 { 插入普通图像 / 插入图像占位符 / 插入鼠标经过图像 } ; 图像属性设置 { 设置图像参数 / 图像编辑处理 } }

就业达标要求

☆ 了解Dreamweaver CS6支持的图像文件格式
☆ 掌握在页面中添加普通图像的方法
☆ 掌握在页面中添加图像占位符的方法
☆ 掌握在页面中添加鼠标经过图像的方法
☆ 熟悉各类页面图像的属性设置方法
☆ 初步掌握使用Dreamweaver编辑页面图像的方法

4.1 实例:"产品概览"页面(插入图像)

使用图像处理软件编辑好的图像可以直接插入到Dreamweaver文档的适当位置上。在页面中插入图像后,其对应的HTML源代码中会生成该图像文件的引用。插入图像后,还可以设置图像标签的辅助功能属性参数。

本节以制作如图4-1所示的"产品概览"页面为例,介绍插入各类图像的方法。制作效果请参考本书"配套素材\mysite\迪之化工有限公司\ product\overview.html"文件。该页面将在第6课中利用模板进行美化,最终效果如图4-2所示。

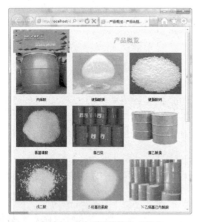 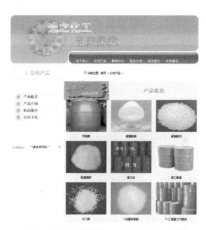

图4-1 "产品概览"页面　　　　图4-2 "产品概览"页面美化效果

1. 添加文字内容

(1) 启动Dreamweaver CS6,在"文件"面板的"迪之化工"站点下的product文件夹中新建一个名为overview.html的网页文件。

(2) 双击"文件"面板中名为overview.html的网页文件,在编辑区中打开该文件,如图4-3所示。

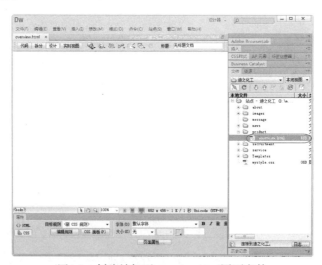

图4-3 创建并打开overview.html网页文件

第4课 图像处理

(3) 从菜单栏中选择【插入】|【表格】命令，在出现的"表格"对话框中将表格的大小设置为15行3列，宽度为600像素，边框粗细、单元格边框和单元格间距都设置为0。设置后，单击【确定】按钮创建一个15行3列的表格。

(4) 拖动鼠标选中表格的第1行的两个单元格，然后单击表格"属性"面板中的【合并单元格】按钮，将第1行的第2、3两个单元格合并为1个单元格，如图4-4所示。

(5) 拖动鼠标选定所有单元格，然后将各单元格的"水平"和"垂直"对齐方式都设置为居中，如图4-5所示。

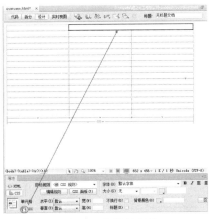

图4-4 合并单元格　　　　　　　图4-5 设置对齐方式

(6) 在合并后的第1行第2个单元格中输入"产品概览"4个字，如图4-6所示。

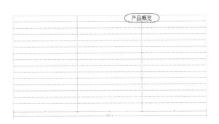

图4-6 输入文字

(7) 在本文档中，可以直接使用第3课3.2节创建的外部样式表文件（扩展名为.css）。单击"CSS样式面板"中的【附加样式表】按钮，打开如图4-7所示的"链接外部样式表"对话框。

图4-7 打开"链接外部样式表"对话框

(8) 单击【浏览】按钮，在出现的"选择样式表文件"对话框中找到的第3课3.2节创建的外部样式表文件，如图4-8所示。

(9) 单击【确定】按钮返回"链接外部样式表"对话框，从"媒体"下拉列表框中选择能表现最佳样式的输出设备进行预览，其中"print（打印）"和"screen（屏幕）"最为常用。本例选择"screen"选项，如图4-9所示。

图4-8　选择外部样式表文件　　　　　　图4-9　设置媒体输出设备

(10) 设置好"链接外部样式表"对话框中的参数后，单击【确定】按钮，即可在"CSS样式"面板中会出现相应样式文件名、外部样式表文件中定义的样式类型，如图4-10所示。

(11) 将光标定位到文字"产品预览"所在单元格中，然后从"属性"面板的"目标规则"列表中选择".bt2"选项，即可为当前单元格应用CSS样式，如图4-11所示。

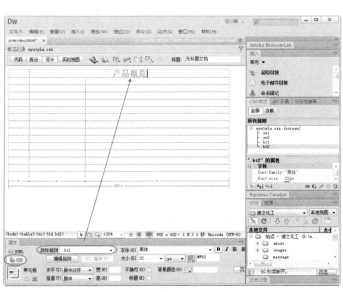

图4-10　外部样式表文件链接效果　　　　图4-11　应用CSS样式

(12) 拖动鼠标选定第1列的所有单元格，然后将其宽度设置为200像素，如图4-12所示。

图4-12 设置第1列单元格的参数

（13）在第3行第1个单元格中输入第1种产品名称"丙烯酸"，如图4-13所示。

（14）用同样的方法输入其他产品名称，效果如图4-14所示。

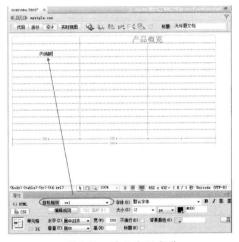

图4-13 输入产品名称　　　　　　　图4-14 输入其他产品名称

2．插入普通图像

（1）将光标定位到文档中表格的第2行第1个单元格中，然后在"插入"面板中单击【图像】图标右侧的下拉箭头，从出现的菜单中选择【图像】命令，打开"选择图像源文件"对话框，如图4-15所示。

> 提示：将"插入"面板中的【图像】图标直接拖入在"文档"窗口中要插入图像的位置，也可打开"选择图像源文件"对话框。"选择图像源文件"对话框的"选择文件名自："选项组提供两种选项：若选择"文件系统"选项，可以选择一个图像文件进行插入；若选择"数据源"选项，则可以单击【站点和服务器】按钮，然后在Dreamweaver站点的远程文件夹中选择一个动态图像源进行插入。

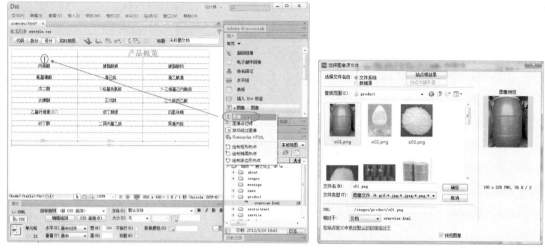

图4-15 打开"选择图像源文件"对话框

(2) 选择要插入到文档中的图像文件后,单击【确定】按钮,将出现如图4-16所示的"图像标签辅助功能属性"对话框。

提示: "图像标签辅助功能属性"对话框的主要选项如下。
- "替换文本"框:用于为图像输入一个名称或一段简短描述,也可以不输入替换文本。
- "详细说明"框:用于输入当用户单击图像时所显示的文件的位置,也可以单击【文件夹】图标来浏览文件位置,也可以不输入说明信息。

---

(3) 在"图像标签辅助功能属性"对话框中输入必要的信息后单击【确定】按钮,即可将选定的图像插入文档中,效果如图4-17所示。

图4-16 "图像标签辅助功能属性"对话框

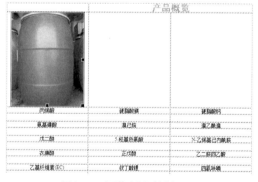

图4-17 图像插入效果

(4) 从菜单栏中选择【插入】|【图像】命令,也将出现"选择图像源文件"对话框,可从中选择要插入的图像,插入过程如图4-18所示。

(5) 单击【确定】按钮,出现"图像标签辅助功能属性"对话框。不输入任何信息,直接单击【确定】按钮或【取消】按钮,都能将选定的图像插入文档中,效果如图4-19所示。

第4课　图像处理

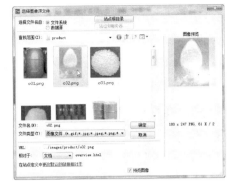

图4-18　选择要插入的图像

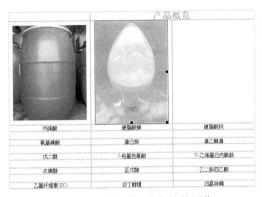

图4-19　插入第2种产品的图像

（6）从菜单栏中选择【窗口】｜【资源】命令，打开"资源"面板，再将图像从"资源"面板拖到"文档"窗口中的所需位置，也可插入图像，如图4-20所示。

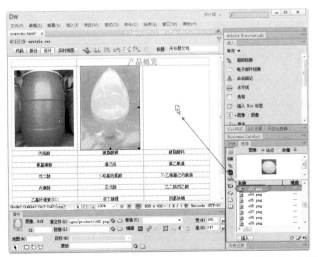

图4-20　从"资源"面板拖入图像

（7）从菜单栏中选择【窗口】｜【文件】命令，打开"文件"面板，再将图像从"文件"面板拖到"文档"窗口中的所需位置，也可插入图像，如图4-21所示。

83

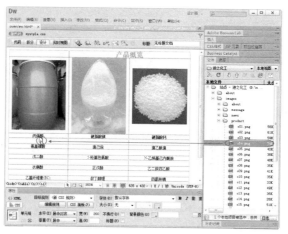

图4-21 从"文件"面板拖入图像

（8）如果桌面上同时显示了图像文件夹窗口和Dreamweaver窗口，还可以将图像从文件夹窗口中拖到"文档"窗口中需要放置图像的位置，如图4-22所示。

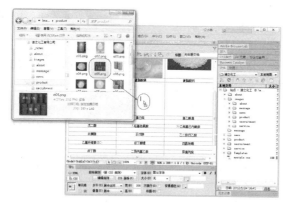
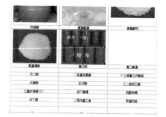

图4-22 直接拖入图像

（9）从菜单栏中选择【文件】|【在 Bridge 中浏览】命令，打开如图4-23所示的"Adobe Bridge CS6"窗口。

图4-23 "Adobe Bridge CS6"窗口

第4课 图像处理

> 提示：Adobe Bridge CS6是Adobe CS6中的一个能够单独运行的应用程序，主要用于组织、浏览、查找和管理本地磁盘和网络驱动器中的媒体文件。可以在Bridge CS6中找到要插入的图像文件，然后将其插入页面文档中。

（10）在Adobe Bridge中，选中一个或多个文件，然后将选定的文件拖到Dreamweaver页面中，松开鼠标，即可使图像出现在光标位置处，如图4-24所示。

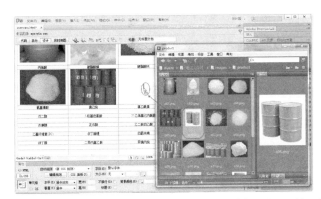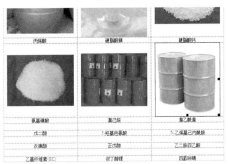

图4-24　用Adobe Bridge CS6插入图像

> 提示：在Dreamweaver的"设计"视图中将插入点定位到要插入图像的文档中，然后在Adobe Bridge中选中要插入的文件，再选择【文件】|【在Dreamweaver中放置】命令，也可以将选定图像插入文档中。

3．插入图像占位符

（1）图像占位符是一种占有预定空间的符号，这种符号可以根据需要替换成某幅具体的图像。在设计网页时，可以用占位符来进行网页布局。在"文档"窗口中选定要插入占位符的位置，本例选择第1行第1个单元格，如图4-25所示。

（2）从菜单栏中选择【插入】|【图像对象】|【图像占位符】命令或者单击"插入"面板中的【图像】按钮，从出现的菜单中选择【图像占位符】选项，都将出现如图4-26所示的"图像占位符"对话框。

图4-25　选定要插入图像占位符的位置　　　图4-26　"图像占位符"对话框

（3）在"名称"框中，可以输入图像占位符的标签显示文本。名称必须以字母开头，且只能包含字母和数字，不允许使用空格和高位ASCII字符。如果不输入内容，则不会显示出标签。

（4）在"宽度"和"高度"框中输入图像的宽度值和高度值，以像素为单位。

（5）如果要设置图像占位符的颜色，可单击色块，从出现的颜色选择器中选择一种颜色。也可以直接在"颜色"框中输入十六进制颜色值，如#FF0000，还可以输入网页安全色的名称，如blue、red等。

（6）在"替换文本"框中，可以根据需要设置"替换文本"内容。为使用只显示文本的浏览器的访问者输入描述该图像的文本。本例的设置情况如图4-27所示。

（7）设置完成后单击【确定】按钮，即可在"文档"窗口中出现如图4-28所示的图像占位符。

图4-27　设置图像占位符参数

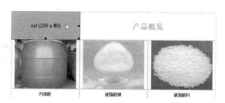

图4-28　图像占位符插入效果

（8）图像占位符并不会在浏览器中显示出图像，在发布站点前，应使用适合的图像文件替换所有添加的图像占位符。要替换占位符，只需双击图像占位符，在出现的"选择图像源文件"对话框中选择需要的图像后单击【确定】按钮即可，如图4-29所示。

图4-29　替换占位符的效果

4．插入鼠标经过图像

（1）可以制作一种在浏览页面时，当鼠标移动到某幅图像时图像发生变化的特殊效果，这种效果称为鼠标经过图像。先准备好两幅同样大小图像，其中首次加载页面时显示的图像称为"主图像"，鼠标指针移过主图像时显示的图像称为"次图像"。如果两个图像大小不同，将自动调整第2个图像的大小以与第1个图像的属性匹配。

（2）在"文档"窗口中，将文本光标放置在要显示鼠标经过图像的位置。在"插入"栏中，选择"常用"栏中的"图像"选项，再从出现的菜单中选择【鼠标经过图像】命令，如图4-30所示。

（3）在出现的"插入鼠标经过图像"对话框中，可在"图像名称"框中输入鼠标经过图像的名称，然后分别设置"原始图像（页面加载时要显示的图像）"和"鼠标经过图像（鼠标指针滑过原始图像时要显示的图像）"的路径，如图4-31所示。设置时，可直接在文本框中输入图像文件的路径，也可以单击【浏览】按钮选择图像文件。

第4课 图像处理

图4-30 选择【鼠标经过图像】命令

图4-31 设置"插入鼠标经过图像"的参数

(4) 如果选中"预载鼠标经过图像"复选框,可将图像预先加载到浏览器的缓存中,以便使鼠标指针滑过图像时不会发生延迟。

(5) 在"替换文本"框中可以根据需要输入图像的描述信息。

(6) 在"按下时,前往的URL"框中,可以设置用户在浏览时单击鼠标经过图像时所链接的目标,如果不设置链接,Dreamweaver CS6将在HTML源代码中自动插入一个空链接。

(7) 设置完后单击【确定】按钮,在页面中将看到"原始图像"框中指定的图像,如图4-32所示。

图4-32 设置效果

提示:插入鼠标经过图像后,在浏览页面时,当鼠标移动到"原始图像"上时,会自动显示为"鼠标经过图像"。

(8) 在其中的单元格中插入其他产品图像,效果如图4-33所示。

(9) 在"文档标题"栏中输入文档的标题信息,如图4-34所示。

图4-33 插入其他产品图像

图4-34 输入文档标题

(10) 使用快捷键【Ctrl】+【S】保存当前文档,然后按下【F12】键在系统默认浏览器中即可预览制作完成的页面。

4.2 实例:"迪之风采"页面(图像属性设置)

页面文档中的任何图像都有相应的属性参数,可以在Dreamweaver CS6中对图像进行大小设置、对齐方式设置、链接设置等操作,还可以对图像进行裁剪,调整图像的亮度和对比度,对图像进行锐化处理,也可以用外部图像编辑器来编辑图像。

本节以制作如图4-35所示的"迪之风采"页面为例,介绍插入各类图像的方法。制作效果请参考本书"配套素材\mysite\迪之化工有限公司\about\culture\scenery.html"文件。该页面也将在第6课中利用模板进行美化,最终效果如图4-36所示。

图4-35 "迪之风采"页面

图4-36 美化后的"迪之风采"页面

1. 插入表格

(1)启动Dreamweaver CS6,在"文件"面板的"迪之化工"站点下的about\culture文件夹中新建一个名为scenery.html的网页文件。

(2)双击"文件"面板中名为scenery.html的网页文件,在编辑区中打开该文件。

(3)从菜单栏中选择【插入】|【表格】命令,在出现的"表格"对话框中将表格的大小设置为7行3列,宽度为800像素,其余参数设置如图4-37所示。

(4)单击【确定】按钮,即可在"文档"窗口中插入一个7行3列的表格,如图4-38所示。

图4-37 表格参数设置

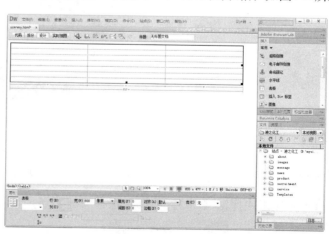

图4-38 表格创建效果

(5) 拖动鼠标选中表格的第1行的两个单元格,然后单击表格"属性"面板中的【合并
单元格】按钮,将第1行的两个单元格合并为1个单元格,如图4-39所示。

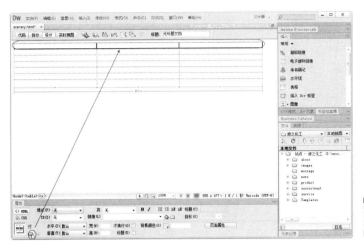

图4-39 合并单元格

(6) 在合并后的单元格中输入"迪之风采"4个字。

2．插入并设置图像属性

(1) 将光标定位到文档的表格的第2行第1个单元格中,然后在"插入"面板中单击
【图像】图标右侧的下拉箭头,从出现的菜单中选择【图像】选项,打开"选择
图像源文件"对话框,在其中选择要插入的图像,如图4-40所示。
(2) 单击【确定】按钮,在出现"图像标签辅助功能属性"对话框后,直接单击【取
消】按钮,将图像插入到第2行第1个单元格中,效果如图4-41所示。

图4-40 选择要插入的图像

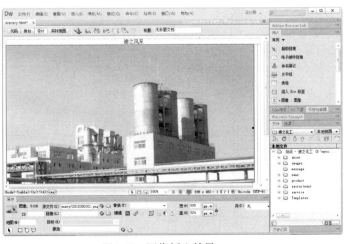

图4-41 图像插入效果

(3) 选中"文档"窗口中的图像后,"属性"面板中将出现图像的常用属性。如果没有
出现"属性"面板,可从菜单栏中选择【窗口】|【属性】命令来打开所选图像
的"属性"面板。

(4)"属性"面板中的"图像"选项显示了当前图像的大小,可在其下方的ID文本框内输入图像名。输入图像名后,可以在使用Dreamweaver行为或脚本语言时直接引用该图像。

(5)在"属性"面板的"宽"和"高"框中可以设置页面上的图像的宽度和高度,其单位为像素。插入图像后,会自动在"宽"和"高"框中显示出图像的原始尺寸。要修改图像的显示像素,只需在数值框中修改数据即可,如图4-42所示。

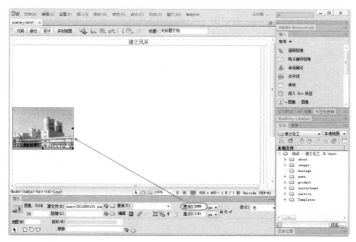

图4-42 修改图像大小

提示:修改图像大小后,只能在页面中缩放对象的图像,而下载时间不变。若要缩短下载时间,则只能在原始图像编辑软件中缩放图像并保存下来。

(6)用同样的方法插入其他"迪之风采"图像,并将其宽度统一设置为200像素,效果如图4-43所示。

图4-43 插入其他图像

(7)插入到Dreamweaver文档中的图像实际上是指向特定文件夹中的图像文件。可以根据需要更改图像的源文件。单击"属性"面板中的【文件夹】图标,出现"选择图像源文件"对话框，从中选择一个源文件，如图4-44所示。

图4-44　选择替换图像的源文件

(8) 单击【确定】按钮，即可更改图像的源文件，效果如图4-45所示。

提示：打开"文件"面板，将"属性"面板中的【指向文件】图标 ⊕ 拖动到"文件"面板中另一个图像文件上，再松开鼠标，也可更改源图像文件。此外，也可以直接在"源文件"文本框中输入替换的图像文件的路径和文件名。

图4-45　更改源文件的效果

(9) 可以为当前选定的图像指定一个链接，以便在浏览器中浏览网页时，单击该图像就能打开链接到的页面。本例将"链接"目标设置为图像的源文件，只需在文本框中输入链接为"../images/about/scenery/2012050101.png"，再从"目标"下拉列表中选择"new"选项，如图4-46所示。

图4-46　设置"链接"目标

提示：图像设置链接后，可以在"属性"面板的"目标"下拉菜单中选择链接页面将在哪个窗口或框架中打开。Dreamweaver提供了如图4-47所示的5个保留目标名，各个保留目标名的含义如下。

图4-47 保留目标名

- _blank：用于将链接的文件加载到一个未命名的新浏览器窗口中。
- new：用于将链接的文件加载到一个新浏览器窗口中。
- _parent：用于将链接的文件加载到含有该链接的框架的父框架集或父窗口中。如果包含链接的框架不是嵌套的，则链接文件加载到整个浏览器窗口中。
- _self：用于将链接的文件加载到该链接所在的同一框架或窗口中。
- _top：用于将链接的文件加载到整个浏览器窗口中，因而会删除所有框架。

(10) 用快捷键【Ctrl】+【S】保存当前文档，按下【F12】键在系统默认浏览器中预览制作完成的页面，单击其中的第1幅图像，即可在新窗口中浏览其源文件，如图4-48所示。

图4-48 在新窗口中浏览图像源文件

(11) 替换文本用于指定在浏览器中指向图像时出现的提示文本。在只显示文本的浏览器或设置为手动下载图像的浏览器中，所设置的替换文本将代替图像。本例在"替换"框中输入替换内容为"迪之化工厂区实景之一"，如图4-49所示。在禁用了显示图像功能的浏览器中进行浏览时，将出现图像文字的提示。

图4-49 设置"替换"文本

第4课 图像处理

提示： 此外，使用"属性"面板中的地图名称和热点工具，能够在一幅图像上选择局部范围来实现链接。图像中被选择并被标注的地方，称为图像地图。通过这种方法，可以在一幅图像上制作出许多链接，以分别链接到不同的网页上。"属性"面板提供了【矩形】□、【椭圆】○与【任意多边形】♡3种局部范围地图选择工具。此外，为改变选择的局部范围，还提供了一个【地图选择工具】▶，用于移动图像地图的位置或编辑其形状。

3．编辑图像

(1) 如果需要对源图像进行修改，可以在Dreamweaver CS6中打开关联的外部图像编辑器（如Adobe Photoshop CS6、Adobe Fireworks CS6）来编辑选定的图像。编辑完成并保存图像后，Dreamweaver文档中的图像效果将随之而发生变化。从菜单栏中选择【编辑】|【首选参数】命令，打开"首选参数"对话框，然后从左侧的"分类"列表中选择"文件类型/编辑器"选项。

(2) 在"扩展名"列表中，选择要为其设置外部编辑器的文件扩展名，如选择".jpg"、".jpe"、".jpeg"选项。可以看到，当前系统默认的编辑器是Photoshop，如图4-50所示。

图4-50　选择"文件类型/编辑器"选项

提示： 要增加另外的编辑器，可单击"编辑器"列表上方的【添加】按钮➕，打开"选择外部编辑器"对话框，在其中选择要作为编辑选定文件类型的应用程序。要删除"编辑器"列表中的某个应用程序，只需单击【删除】按钮➖即可。要使某个编辑器成为某种文件类型的主编辑器，只需选中编辑器后单击【设为主要】按钮即可。在Dreamweaver中编辑图像时，系统将自动使用主编辑器。要使用其他编辑器，需要从菜单中选择。可以为一种文件类型设置多个编辑器，但只能设置一个主编辑器。设置完成后单击【确定】按钮即可。

(3) 直接在"文件"面板中双击要编辑的图像，或选定图像后单击"属性"栏上的【编辑】按钮🅿，都可在启动Photoshop CS6且打开主编辑器后对源图像进行编辑，如图4-51所示。

93

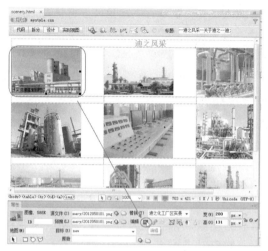 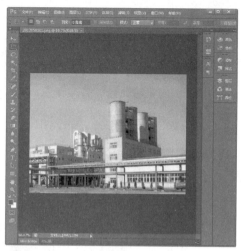

图4-51　打开主编辑器

（4）启动外部编辑器后，只需利用外部编辑器的功能，即可对图像进行编辑。本例在Photoshop CS6中调整图像的色相/饱和度，如图4-52所示。

（5）在Photoshop CS6中完成编辑后，选择【文件】|【存储】命令保存图像。然后返回Dreamweaver窗口，即可看到编辑效果，如图4-53所示。

图4-52　在Photoshop CS6中编辑图像　　　　　　　　图4-53　编辑效果

（6）为了使图像更适合网络传输，可以在Dreamweaver中优化Web页中的图像。先在"文档"窗口中选择要优化的图像，然后在"属性"面板中单击【编辑图像设置】按钮，打开如图4-54所示的"图像优化"对话框。

（7）从"预置"下拉列表中选择一种预置方案（如图4-55所示），然后设置方案的相关参数，再单击【确定】按钮，即可对图像进行优化。

（8）可以将图像中不需要的外围区域裁剪掉。裁剪图像时，会更改磁盘上的源图像文件。在"文档"窗口中选中要裁剪的图像，然后单击"属性"面板的【裁剪】按钮，在图像的周围将出现一个灰色的裁剪框和8个裁剪控制点，如图4-56所示。

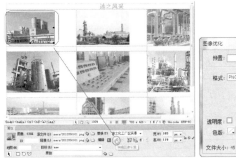

图4-54 打开"图像优化"对话框

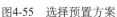

图4-55 选择预置方案　　　　　　图4-56 裁剪图像

(9) 拖动裁剪控制点，即可调整边界框的大小，如图4-57所示。在图4-57中，灰色的区域是将要被裁剪掉的部分。

(10) 按下【Enter】键或双击鼠标，即可将裁剪框内的图像剪切下来，并将裁剪框外的所有区域删除掉，效果如图4-58所示。

图4-57 拖动裁剪控制点　　　　　图4-58 图像裁剪效果

(11) 可以通过调整亮度和对比度来更改图像中像素的高亮显示、阴影和中间色调。在"文档"窗口中选中要调整的亮度和对比度图像，单击"属性"面板上的【亮度/对比度】按钮 ，出现"亮度/对比度"对话框。分别拖动亮度和对比度滑动块来调整亮度或对比度，其参数值的范围为–100~100。调整时，选中"预览"复选框，可以在调整过程中预览调整效果，如图4-59所示。调整完成后单击【确定】按钮即可。

(12) 对图像进行锐化处理后，可以提高图像边缘的对比度，更明显地显示出其中的细节部分。在"文档"窗口中选中要锐化的图像，单击"属性"面板上的【锐化】按钮 ，出现"锐化"对话框。拖动滑块控件或在文本框中输入0~10的值，即可指定Dreamweaver应用于图像的锐化程度。调整时，选中"预览"复选框，可以在调整过程中预览调整效果，如图4-60所示。调整满意后单击【确定】按钮，即可产生锐化效果。

图4-59　调整亮度和对比度　　　　图4-60　调整锐化程度

(13) 单击"CSS样式"面板中的【附加样式表】按钮，打开"链接外部样式表"对话框，单击【浏览】按钮，在出现的"选择样式表文件"对话框中找到的第3课3.2节创建的外部样式表文件，单击【确定】按钮返回"链接外部样式表"对话框，从"媒体"下拉列表框中选择"screen"选项，单击【确定】按钮，在"CSS样式"面板中会出现相应样式文件名、外部样式表文件中定义的样式类型。

(14) 将光标定位到文字"迪之风采"所在单元格中，然后从"属性"面板的"目标规则"列表中选择".bt2"选项，为当前单元格应用CSS样式，如图4-61所示。

(15) 在"文档标题"栏中输入文档标题，如图4-62所示。

图4-61　应用样式　　　　　　　　图4-62　添加文档标题

(16) 使用快捷键【Ctrl】+【S】保存当前文档，然后按下【F12】键在系统默认浏览器中即可预览制作完成的页面。

课后练习

1．针对你在课后练习中创建的站点，根据网站表现的需要，创建一些以图像为主的网页，然后在其中添加必要的图像。

2．使用鼠标经过图像功能，在你的站点中创建一个风格一致的导航条。

3．对添加到网页中的图像进行属性设置，使之满足页面表现的需要。

4．对已经添加到网页中的图像进行必要的编辑处理。

第5课 表格及其在布局中的应用

本课知识结构

表格由一行或多行组成，每行又由一个或多个单元格组成。使用Dreamweaver制作网页时，既可以使用表格在页面上显示表格式数据，也可以使用表格进行文本和图形的布局。使用表格，既可以使网页个性化、艺术化，又能使网页的管理和修改工作变得更加简单。不少网站都是用表格来布局的，通过表格布局，可以使对象之间不会相互影响。本课将结合实例介绍Dreamweaver CS6的表格功能和具体应用方法，知识结构如下：

```
                    ┌ 创建表格
                    │ 编辑表格
         ┌ 创建和编辑表格 ┤ 使用扩展表格模式
         │          │ 在表格中添加文本
         │          └ 设置表格边框线
表格及其应用 ┤
         │          ┌ 设置表格的属性
         ├ 表格属性设置 ┤
         │          └ 设置列、行和单元格的属性
         └ 使用表格布局页面
```

就业达标要求

☆ 了解表格的特点和Dreamweaver中表格的用途
☆ 熟练掌握表格的创建方法
☆ 掌握表格的编辑方法
☆ 初步掌握扩展表格模式的用法
☆ 熟悉在表格中添加文本内容的方法
☆ 掌握表格边框线的设置方法
☆ 掌握表格的属性设置方法
☆ 初步掌握使用表格布局网页的方法

5.1 实例:"人才需求信息"页面(创建和编辑表格)

表格是一种简明扼要、内容丰富的组织和显示信息的方式,在文档处理中占有十分重要的位置。表格中的项被组织为行和列,在Dreamweaver中,允许对列、行和单元格进行操作。

本节以制作如图5-1所示的"人才需求信息"页面为例,介绍表格的创建和编辑方法。制作效果请参考本书"配套素材\mysite\迪之化工有限公司\recruitment\campus.html"文件。该页面可以利用第6课介绍的方法进行美化,美化后的效果如图5-2所示。

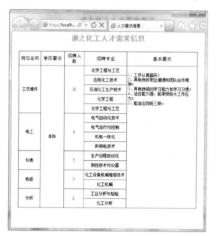 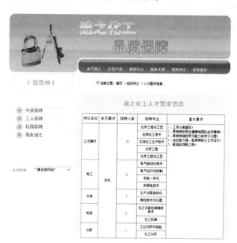

图5-1 "人才需求信息"页面　　　　图5-2 美化后的"人才需求信息"页面

1.创建表格

(1)启动Dreamweaver CS6,在"文件"面板的"迪之化工"站点下的recruitment文件夹中新建一个名为campus.html的网页文件。

(2)双击"文件"面板中名为campus.html的网页文件,在编辑区中打开该文件,如图5-3所示。

图5-3 创建并打开campus.html网页文件

第5课 表格及其在布局中的应用

(3) 在"文档"窗口中单击鼠标,使文本插入点出现在文档中,然后从菜单栏中选择【插入】|【表格】命令,或者在"插入"面板的"常用"类别中,单击【表格】图标,打开"表格"对话框,如图5-4所示。

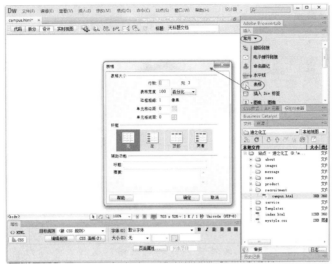

图5-4 打开"表格"对话框

提示:"表格"对话框分为"表格大小"、"标题"、"辅助功能"3个区。"表格"对话框的参数设置决定了表格的基本形态。其中的主要选项如下。

① "表格大小"区的主要选项如下。
- "行数"和"列数"选项:在"行数"文本框中可以设置表格的行数,在"列数"文本框中可以设置表格的列数。
- "表格宽度"文本框:可以以像素为单位或按占浏览器窗口宽度的百分比来指定整张表格的宽度。
- "边框粗细"文本框:用于指定表格边框的宽度(以像素为单位)。如果没有明确指定边框粗细的值,则大多数浏览器按边框粗细设置为1像素显示表格。若要确保浏览器不显示表格边框,需要将"边框粗细"设置为0。
- "单元格边距"文本框:用于指定单元格边框和单元格内容之间的像素数。
- "单元格间距"文本框:用于指定相邻的表格单元格之间的像素数。如果没有明确指定单元格间距和单元格边距的值,则大多数浏览器按单元格边距设置为1像素、单元格间距设置为2像素来显示表格。要确保浏览器不显示表格中的边距和间距,应将"单元格边距"和"单元格间距"均设置为0。

② "标题"区:提供了4种选择。选择"无",表示在表格中不使用页眉;选择"左",表示可以将表的第1列作为标题列,以便为表中的每1行输入一个标题;选择"顶部",表示可以将表的第1行作为标题行,以便为表中的每1列输入一个标题;选择"两者",表示能够在表中输入列标题和行标题。

③ "辅助功能"区:该区域主要由两个文本框组成。在"标题"文本框中可以输入一个页面文档标题;在"摘要"文本框中可以输入描述表格的相关说明,但该说明不会显示在用户的浏览器中。

(4) 本例需要插入一张4行5列、宽度为520像素的表格，表格的标题为"迪之化工人才需求信息"，参数设置情况如图5-5所示。

(5) 设置完成后，单击【确定】按钮，所创建表格的基本形态便出现在"文档"窗口中，效果如图5-6所示。

图5-5　表格参数设置　　　　　　　　　图5-6　表格创建效果

提示： 还可以在一个表格的某个单元格中创建新的表格，这种表格称为嵌套表格。可以像对单独的表格那样设置嵌套表格的格式，但其宽度会受它所在单元格的宽度的限制。嵌套的方法很简单，只需将插入点置于已有的嵌套表格的某个单元格中，然后选择【插入】|【表格】命令，在出现的"表格"对话框中设置好嵌套表格的相关选项，再单击【确定】按钮，即可在嵌套表格中再创建一个嵌套表格。在嵌套表格中还可以嵌套表格。

2．编辑表格

(1) 可以调整整张表格或其中某个行或列的大小。在调整整张表格的大小时，表格中的所有单元格将按比例更改大小。单击表格边框线选定表格，表格四周会出现8个控制点。

(2) 拖放表格右侧的控制点，可以改变表格宽度。

(3) 拖放表格下方的控制点，可以改变表格高度。

(4) 拖放表格右下角控制点，可以同时改变表格宽度和高度，如图5-7所示。

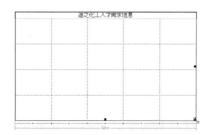 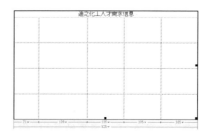

图5-7　调整表格大小

提示： 如果表格的单元格指定了明确的宽度或高度，在调整表格大小时，将更改"文档"窗口

第5课　表格及其在布局中的应用

中单元格的可视大小，但不更改这些单元格的指定宽度和高度。

（5）拖放表格内部的列线（或行线），可以调节该列（或该行）的宽度（或高度），如图5-8所示。

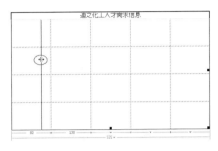 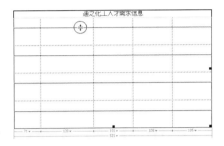

图5-8　调整列宽和行高

（6）用同样的方法调整其他表格线，效果如图5-9所示。
（7）表格创建完成后，可以增加行、列。将插入点移动到要插入行或列的单元格内，如图5-10所示。

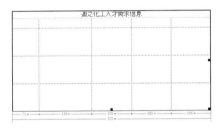 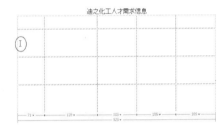

图5-9　表格调整效果　　　　图5-10　定位单元格

（8）选择【修改】|【表格】|【插入行】命令，可以在插入点所在的单元格的上面增加一行。
（9）选择【修改】|【表格】|【插入列】命令，可以在插入点所在的单元格的左面增加一列。添加行列后的表格如图5-11所示。
（10）从菜单栏中选择【修改】|【表格】|【插入行或列】命令，将出现"插入行或列"的对话框。在该对话框中选择插入的行或列，填写插入的行或列的数目及位置，如图5-12所示。单击【确定】按钮，即可插入指定的行或列。

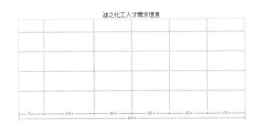 

图5-11　添加行列后的表格　　　　图5-12　增加表格行

(11) 将插入点移动到要删除行或列的单元格内，然后从菜单栏中选择【修改】|【表格】|【删除行】命令，即可将当前光标所在行删除，如图5-13所示。

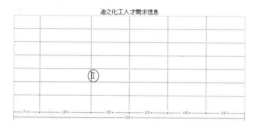 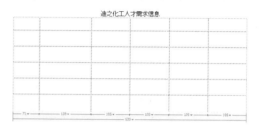

图5-13　删除表格行

(12) 选择【修改】|【表格】|【删除列】命令，即可将当前光标所在列删除，如图5-14所示。

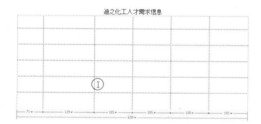 

图5-14　删除表格列

> 提示：还可以复制、粘贴或删除单个表格单元格或多个单元格，进行这些操作后将保留单元格的格式设置。如果要粘贴多个单元格，剪贴板的内容必须和表格的结构或表格中将粘贴这些单元格的所选部分兼容。

(13) 可以将表格内的若干单元格合并为一个单元格，可以将多行合并成一行，还可以将多列合并成一列或将多个行和列合并成一个单元格。要合并单元格，应先拖动鼠标选定要合并的多个连续的单元格，如图5-15所示。

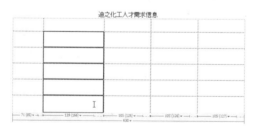

图5-15　选定要合并的多个单元格

> 提示：选定表格的行和列的方法如下。
> - 将插入点移到欲选定的行中，单击编辑窗口左下角的<tr>标志。这种方法只能选定行，不能选定列。

第5课 表格及其在布局中的应用

- 按住鼠标左键由上至下拖动可以选定列。如果从左至右拖动，则可以选定行。
- 把鼠标移至要选定的行的行首或要选定的列的列首，鼠标会变成粗黑箭头，单击左键，选定行或列。
- 要选定不相邻的行、列或单元格，可按住【Ctrl】键，然后单击欲选定的行、列或单元格。
- 在已选定的不连续的行、列或单元格中，按住【Ctrl】键，然后单击行、列或单元格，可以去掉不想选定的行、列或单元格。

(14) 在"属性"面板中单击【合并单元格】图标 ，即可合并选定的多个单元格，如图5-16所示。

(15) 可以将一个单元格拆分成几个单元格。要拆分单元格，应将插入点置于要拆分的单元格中，如图5-17所示。

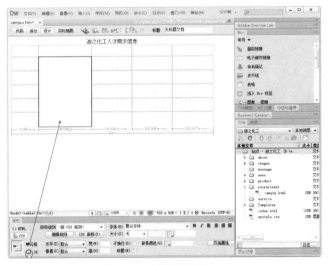

图5-16　合并单元格　　　　　　　　图5-17　定位要拆分的单元格

(16) 单击"属性"面板中的【拆分单元格】图标 ，出现"拆分单元格"对话框，设置好要拆分行数或列数，单击【确定】按钮，即可拆分单元格，如图5-18所示。

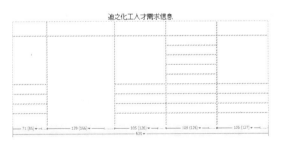

图5-18　拆分单元格

(17) 用同样的方法合并和拆分其他单元格，最后的效果如图5-19所示。

图5-19 单元格拆分和合并效果

（18）单击表格左上角的选定点来选定表格，如图5-20所示。

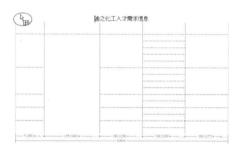 

图5-20 单击表格左上角的选定点来选定表格

提示： 表格包括行、列、单元格这3个组成部分，可根据需要选定整张表格，也可以只选定表格中的行、列或单元格。选定整张表格的方法很多，常用的有以下几种。

- 单击表格中任何一个单元格的边框线，可以选定整张表格，如图5-21所示。

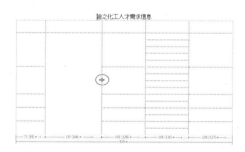 

图5-21 单击边框线选定整张表格

- 先拖动鼠标将表格所有单元格选中，然后选择菜单栏中的【编辑】|【全选】命令，可选定整张表格。
- 单击表格内任一处，选择菜单栏中的【修改】|【表格】|【选择表格】命令，可选定整张表格。
- 在选定表格或者将插入点置于表格内部任意单元格中时，会显示出表格的宽度和每个表格列的列宽。而宽度值的旁边有一个表格标题菜单和列标题菜单的箭头，只需单击菜单的箭头，就可以从出现的表格标题菜单中选择【选择表格】命令来选定整张表格，如图5-22所示。
- 当表格中存在多个嵌套的表格时，很难用鼠标直观地指明需要编辑的表格或单元格，从而很难通过表格"属性"面板对表格或单元格的属性进行设置。这时，可以借助

第5课 表格及其在布局中的应用

Dreamweaver的标签选择器来选择。第1个table代表最外围的表格，单击这个〈table〉标记就能选定最外围的表格。当用鼠标指向不同的table时，其相应的表格"属性"面板就会出现，如图5-23所示。

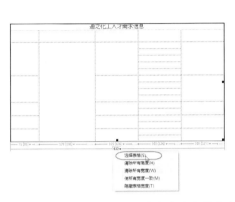

图5-22 选择【选择表格】命令来选定整张表格

图5-23 用〈table〉标记选定表格

（19）选定表格后，从"属性"面板的"对齐"下拉列表中选择"居中对齐"选项，使表格在页面中居中放置，如图5-24所示。

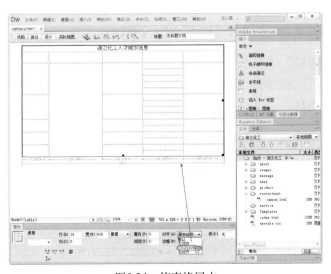

图5-24 使表格居中

3．使用扩展表格模式

（1）选择【查看】|【表格模式】|【扩展表格模式】命令，或者在"插入"面板的"布局"类别中单击【扩展】按钮，即可进入"扩展表格"模式。此时，"文档"窗口的上方会出现"扩展表格模式"的字样，且文档中所有表格会自动添加单元格边距、单元格间距和表格边框，如图5-25所示。

图5-25 "扩展表格"模式

提示：Dreamweaver CS6的表格设计视图分为"标准视图"和"扩展表格"两种模式。"标准视图"模式即传统表格的使用方式，在默认情况下，都是在"标准视图"模式下进行表格编排的。在"扩展表格"模式下，Dreamweaver CS6会临时在文档的所有表格上添加单元格边距和间距，还增加了一个表格的边框以使表格编辑操作更加直观。比如，能更快捷地选择表格中的对象，更精确地放置插入点等。进行对象选择或放置了插入点后，应该切换回"设计"视图的"标准"模式。

（2）在"扩展表格"模式下选中如图5-26所示的5个单元格。
（3）单击"属性"面板的【合并单元格】图标，将选定的多个单元格合并为一个单元格，如图5-27所示。

图5-26 选定单元格　　　　图5-27 单元格合并效果

（4）要退出"扩展表格"模式，可直接单击"文档"窗口上方的"扩展表格模式"行中的【退出】按钮，也可以从菜单栏中选择【查看】|【表格模式】|【标准模式】命令，还可以在"插入"面板的"布局"类别中单击【标准】按钮，如图5-28所示。

第5课　表格及其在布局中的应用　05

图5-28　退出"扩展表格"模式

4．在表格中插入文本

（1）创建好表格以后，可以在表格的单元中输入文本等内容。要在表格中添加文本，可先在需要添加文本的单元格中单击，出现文字插入点，如图5-29所示。

（2）直接输入需要的文本内容，如图5-30所示。

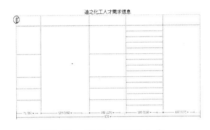　　

　　图5-29　定位文字插入点　　　　　　图5-30　输入文本内容

（3）输入文本时按下【Tab】键，可将插入点移动到下一个单元格中，或按【Shift】+【Tab】键将插入点移动到上一个单元格（也可以使用箭头键在单元格之间移动）中来输入其他内容，如图5-31所示。

（4）用同样的方法在其他单元格中输入其他文字内容，如图5-32所示。

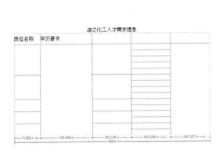　　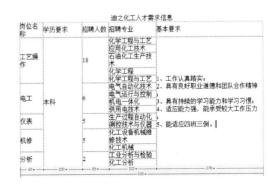

　图5-31　在下一个单元格中输入文字　　　　图5-32　输入其他文字内容

107

提示：如果输入的内容超过表格宽度，在输入时，表格的单元格会自动扩大。如果要添加一个空行，只需在表格的最后一个单元格中按【Tab】键，就会自动添加一个空行。此外，要在表格中插入图像对象，可单击要插入图像的单元格，然后选择【插入】|【图像】命令，再选择要插入的图像文件，单击【确定】按钮即可将选定的图像插入单元格中。

(5) 单击"CSS样式"面板中的【附加样式表】按钮，打开"链接外部样式表"对话框，单击【浏览】按钮，在出现的"选择样式表文件"对话框中找到本站点中已经创建好的外部样式表文件mystyle.css，单击【确定】按钮，即可在"CSS样式"面板中出现相应样式文件名、外部样式表文件中定义的样式类型，如图5-33所示。

图5-33　链接外部样式表文

(6) 将光标定位到表格标题行的任意位置上，从"属性"面板的"目标规则"下拉列表中选择名为.bt2的规则，即可修饰当前行的文字，如图5-34所示。

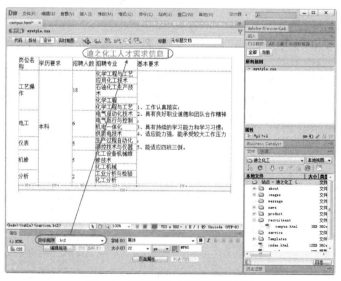

图5-34　用CSS样式修饰标题文字

(7) 拖动鼠标，选定表格第1行的5个单元格，然后将其"目标规则"选择为.bt1，再将其"水平"对齐方式设置为"居中对齐"，参数设置和效果如图5-35所示。

第5课　表格及其在布局中的应用

(8) 选定表格第2行到第6行的所有单元格，将其"目标规则"选择为.zw1，再将其"水平"对齐方式设置为"居中对齐"。然后选定第5列的最后一个单元格，将其"水平"对齐方式修改为"左对齐"，效果如图5-36所示。

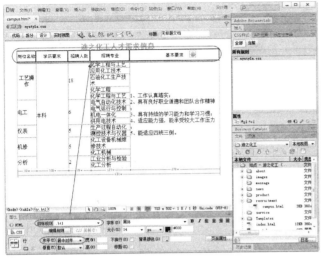

图5-35　修饰表格第1行文字

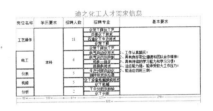

图5-36　其他文字的样式和对齐方式

(9) 将光标定位到第5列的最后一个单元格中，将其"垂直"对齐方式设置为"顶端"，效果如图5-37所示。

(10) 选定整个表格，拖动其右下角的控制柄，适当调整表格的宽度和高度，效果如图5-38所示。

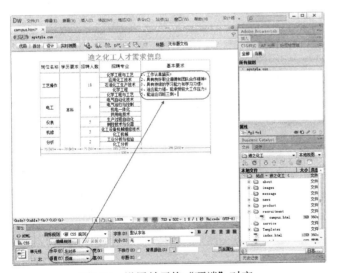

图5-37　设置单元格"顶端"对齐

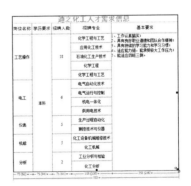

图5-38　调整表格宽度和高度

5．设置表格边框线

(1) 选定表格，在"属性"面板中将表格的边框设置为1像素，如图5-39所示。

(2) 按下【Ctrl】+【S】键保存文档，再按下【F12】键在浏览器中预览表格效果，如

109

图5-40所示。可以看到，表格的边框线并不理想，需要对其进行改进。

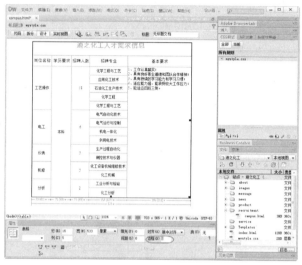
图5-39 设置表格边框

图5-40 表格预览效果

(3) 单击"CSS样式"面板中的【新建CSS规则】按钮。在出现的"新建CSS规则"对话框中将选择器命名为bg1，从"选择定义规则的位置"列表中选择已经保存的名为mystyle.css的样式表，然后单击【确定】按钮，如图5-41所示。

(4) 单击【确定】按钮，出现".bg1的CSS规则定义"对话框，选择其中的"背景"类别，将其背景颜色设置为蓝色，如图5-42所示。

图5-41 新建名为bg1的规则

图5-42 设置背景色

(5) 单击【确定】按钮，完成名为".bg1"的CSS规则的定义。

(6) 为.bg1添加一个子选择器。单击【新建CSS规则】按钮。在出现的"新建CSS规则"对话框中将"选择器类型"设置为"复合内容（基于选择的内容）"，将选择器命名为.bg1 td，从"选择定义规则的位置"列表中选择已经保存的名为mystyle.css的样式表，如图5-43所示。

(7) 单击【确定】按钮，出现". bg1 td的CSS规则定义"对话框，选择其中的"背景"类别，将其背景颜色设置为白色，如图5-44所示。设置完成后单击【确定】按钮。

(8) 选定整个表格，在"属性"面板中将表格的"间距"设置为1像素，"边框"设置为0，并从"类"下拉列表中选择刚创建的名为.bg1的规则，如图5-45所示。

第5课　表格及其在布局中的应用　05

图5-43　新建名为.bg1 td的规则

图5-44　设置背景色

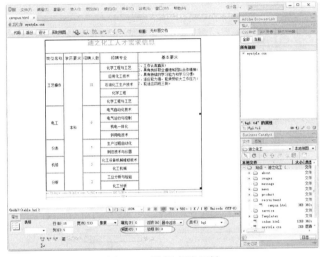

图5-45　设置表格属性

(9) 按下【Ctrl】+【S】键保存文档，再按下【F12】键在浏览器中预览表格效果，如图5-46所示。可以看到，表格的边框线变为蓝色细线。

(10) 为美化表格，再将表格的"填充"值设置为3像素，如图5-47所示。

图5-46　边框线设置效果

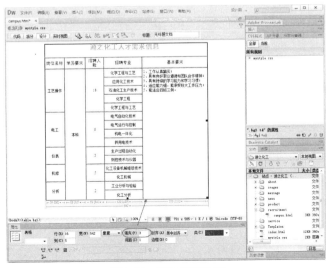

图5-47　设置填充参数

111

(11) 在文档编辑区上方的"标题"文本框中输入"**人才需求信息**校园招聘**招贤纳士**迪之化工**",如图5-48所示。该标题表示当前页面是"迪之化工"网站下的"招贤纳士"栏目中的名为"校园招聘"子栏目下的名为"人才需求信息"的页面,本例的其他页面也将按同样的规则命名。

图5-48 设置文档标题

(12) 按下【Ctrl】+【S】键保存文档,完成"人才需求信息"页面的制作。

5.2 实例:"公司简介"页面(表格属性)

在选定表格或表格中的某些单元格后,可以使用"属性"面板中的选项来查看和更改其属性。对表格进行属性设置时,可以设置整张表格或表格中所选行、列或单元格的属性。要将整张表格的某种属性(如背景色)设置为一个值,而将单个单元格的属性设置为另一个值,则单元格格式设置优先于行格式设置,行格式设置又优先于表格格式设置。

本节以制作如图5-49所示的"公司简介"页面为例,介绍表格属性的设置方法。制作效果请参考本书"配套素材\mysite\迪之化工有限公司\about\ about.html"文件。该页面将在第6课中利用模板进行美化,最终效果如图5-50所示。

图5-49 "公司简介"页面　　　　图5-50 美化后的"公司简介"页面

1.创建表格

(1) 启动Dreamweaver CS6,在"文件"面板的"迪之化工"站点下的about文件夹中新建一个名为about.html的网页文件。

(2) 双击"文件"面板中名为about.html的网页文件,在编辑区中打开该文件,如图5-51所示。

第5课 表格及其在布局中的应用

图5-51 打开about.html网页文件

(3)从菜单栏中选择【插入】|【表格】命令,插入一个3行1列、宽度为580像素的表格,效果如图5-52所示。

(4)在表格的第1行中插入1个1行2列、宽度为100%的嵌套表格,如图5-53所示。

图5-52 创建表格　　　　　　　　　图5-53 插入嵌套表格

(5)在表格的第3行中插入1个1行2列、宽度为100%的嵌套表格,如图5-54所示。

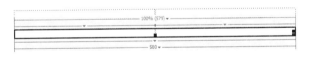

图5-54 插入第2个嵌套表格

2.设置表格属性

(1)选定整张表格,出现如图5-55所示的表格"属性"面板。

(2)要命名表格,可以在表格的"ID"框中输入表格名。

(3)利用"行"和"列"文本框,可以设置表格中行和列的数量。当前表格行和列的数量分别是3和1,要将行数增加为5,只需在"行"文本框中输入数字5即可,如图5-56所示。设置列数的方法与此类似。

(4)"属性"面板中的"宽"选项用于设置表格的总体宽度,如图5-57所示。除了以像素为单位表示表格的宽度外,还可以表示为占浏览器窗口宽度的百分比。

(5)选定第1个嵌套表格,将其宽度设置为100%,如图5-58所示。

(6)选定整个表格,将其"填充"值设置为8,表示表格中各个单元格的内容与单元格边框之间的距离为8像素，如图5-59所示。

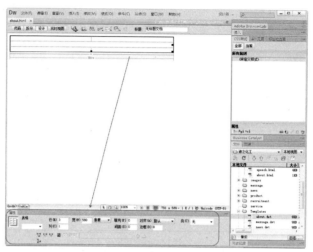

图5-55　表格"属性"面板

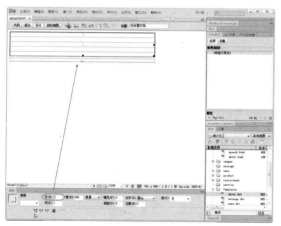

图5-56　将表格行数增加到5行

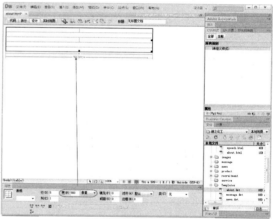

图5-57　设置表格的宽度

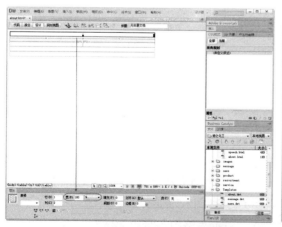

图5-58　设置第1个嵌套表格的宽度

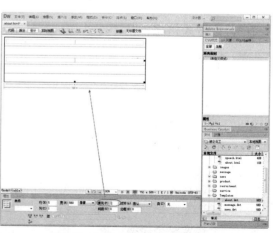

图5-59　填充参数设置及效果

(7) 选定整个表格,将其"单元格间距"值设置为3,表示各个相邻的单元格之间的距离为3像素,如图5-60所示。
(8) "边框"选项用于设置表格边框的宽度(以像素为单位)。本例中,表格用于进行页面布局,应将其边框值设置为0。
(9) 选定整个表格,将其"对齐"方式设置为"左对齐",表示表格相对于同一段落中的其他元素(如文本、图像等)的显示位置为左对齐,如图5-61所示。

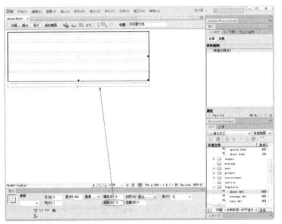

图5-60 设置各个相邻的单元格之间的间距

图5-61 设置"对齐"选项

提示: 在"对齐"选项中,"左对齐"选项用于沿其他元素的左侧对齐表格;"右对齐"选项用于沿其他元素的右侧对齐表格;"居中对齐"选项用于将表格居中;"默认"选项用于选择浏览器所使用的默认对齐方式。

(10) "属性"面板中的"类"选项用于为表格设置一个CSS类。
(11) 要从表格中删除所有明确指定的列宽,使之恢复为与单元格内容相匹配的宽度,可单击【清除列宽】按钮 。

要将表格中每列的宽度设置为以像素为单位的当前宽度,可单击【将表格宽度转换成像素】按钮 。

(12) 要将表格中每个列的宽度设置为按占"文档"窗口宽度百分比表示的当前宽度,可单击【将表格宽度转换成百分比】按钮 。
(13) 要从表格中删除所有明确指定的行高,使之恢复为与单元格内容相匹配的高度,可单击【清除行高】按钮 。

3.设置列、行和单元格属性

(1) 选定表格中的某行、某列或某些单元格后,可以使用"属性"面板改变单元格、行或列的属性。如选中表格中的如图5-62所示的单元格后,将出现相应的"属性"选项。

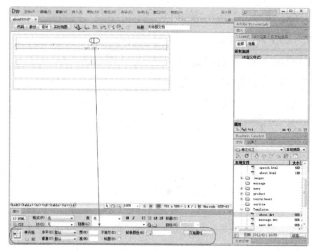

图5-62　单元格的属性

提示：行、列或单元格的主要选项如下。

- 【合并单元格】按钮▢：用于将所选的单元格、行或列合并为一个单元格。
- 【拆分单元格】按钮▦：用于将一个单元格分成两个或多个单元格。
- 水平：用于指定单元格、行或列内容的水平对齐方式。可以将内容对齐到单元格的左侧、右侧或使之居中对齐，也可以指示浏览器使用其默认的对齐方式（通常是常规单元格为左对齐，标题单元格为居中对齐）。
- 垂直：用于指定单元格、行或列内容的垂直对齐方式。可以将内容对齐到单元格的顶端、中间、底部或基线，或者指示浏览器使用其默认的对齐方式（通常是居中对齐）。
- 宽和高：以像素为单位或按占整张表格宽度或高度百分比计算的所选单元格的宽度和高度。
- "不换行"选项：用于防止换行，从而使给定单元格中的所有文本都在一行上。如果启用了"不换行"，则在输入数据或将数据粘贴到单元格时，单元格会加宽以容纳所有数据。
- "标题"复选框：用于将所选的单元格格式设置为表格标题单元格。在默认情况下，表格标题单元格的内容为粗体且居中。
- 背景颜色：用于通过颜色选择器来设置单元格、列或行的背景颜色。

---

(2) 将光标定位到如图5-63所示的单元格中，利用"属性"面板中的选项设置其高度、宽度、对齐方式和背景颜色。

(3) 用同样的方法设置另一个单元格的属性，效果如图5-64所示。

(4) 在如图5-65所示的单元格中输入文字内容。

(5) 单击"CSS样式"面板中的【附加样式表】按钮▦，打开"链接外部样式表"对话框，单击【浏览】按钮，在出现的"选择样式表文件"对话框中找到已经创建的名为mystyle.css的外部样式表文件，单击【确定】按钮返回"链接外部样式表"对话框，单击【确定】按钮，在"CSS样式"面板中会出现相应样式文件名、外部样式表文件中定义的样式类型。

(6) 为已经添加的文本应用名为.zw1的CSS规则，如图5-66所示。

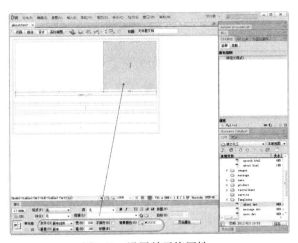
图5-63 设置单元格属性

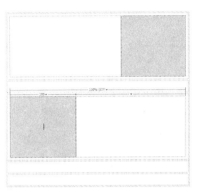
图5-64 设置另一个单元格的属性

图5-65 输入文字内容

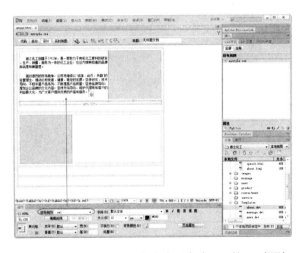
图5-66 为已经添加的文本应用名为.zw1的CSS规则

(7) 选定如图5-67所示的嵌套表格，将其"间距"值设置为5像素。
(8) 在右侧的单元格中添加如图5-68所示的图像，并将其居中放置。

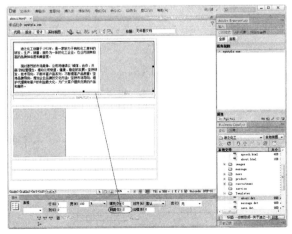
图5-67 设置嵌套表格的间距

图5-68 添加图像

(9) 用同样的方法在其他单元格中添加文本或图像，然后分别进行格式设置，效果如图5-69所示。

(10) 选定整张表格，利用"属性"面板将其在页面中居中放置，如图5-70所示。

图5-69 添加其他内容并进行设置　　　　图5-70 居中对齐表格

(11) 保持对表格的选定，用快捷键【Shift】+【F5】打开"标签编辑器"对话框，选定"浏览器特定的"类别，然后为表格添加一幅背景图像，参数设置和效果如图5-71所示。

图5-71 为表格添加背景图像

(12) 按下【Ctrl】+【S】键保存文档，再按下【F12】键在浏览器中预览页面，预览满意后关闭当前文档，完成"公司简介"页面的制作。

5.3 实例："迪之化工"首页（表格布局网页）

制作网页时，使用表格可以限定页面的宽度，也可以很方便灵活地布局网页中文本、图片、动画等元素的位置，以及布局和规划网页的版面的功能。使用表格来布局网页，可以增强页面易读性，提升网页对访问者的吸引力。

第5课 表格及其在布局中的应用

本节以制作如图5-72所示的"迪之化工"首页页面为例，介绍使用表格来布局页面的方法和技巧。制作效果请参考本书"配套素材\mysite\迪之化工有限公司\index.html"文件。

1．创建布局表格

(1) 准备好制作"迪之化工"首页页面所需的图像文件，将它们存放在D:\mysite\迪之化工有限公司\images\main\文件夹中。

(2) 启动Dreamweaver CS6，在"文件"面板的"迪之化工"站点的根目录下新建一个名为index.html的网页文件。双击index.html网页文件，在编辑区中将其打开，如图5-73所示。

(3) 从菜单栏中选择【插入】|【表格】命令，插入一个6行1列的表格。表格的参数设置如图5-74所示，注意将"边框粗细"设置为0。

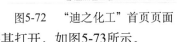

图5-72　"迪之化工"首页页面

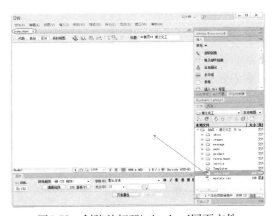

图5-73　创建并打开index.html网页文件

图5-74　表格参数设置

(4) 单击【确定】按钮，在编辑区中出现新创建的表格并处于选中状态。利用"属性"面板中的"对齐"选项，使表格在浏览器中居中对齐，如图5-75所示。

(5) 将光标定位到表格第2行中，从菜单栏中选择【插入】|【表格】命令，插入一个1行4列、宽度为100%的嵌套表格，参数设置如图5-76所示。

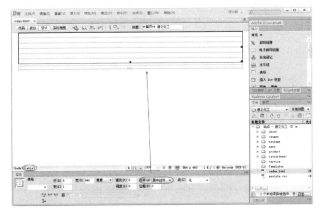

图5-75　居中对齐表格

图5-76　嵌套表格参数设置

（6）单击【确定】按钮，出现一个嵌套于第1个表格中的小表格。将光标定位到嵌套表格的第1个单元格中，利用"属性"面板将其宽度设置为40像素，如图5-77所示。

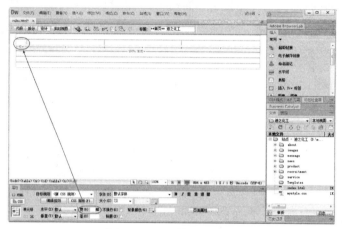

图5-77　设置单元格宽度

2．添加网页图像

（1）将光标定位到嵌套表格的第2个单元格中，从菜单栏中选择【插入】│【图像】命令，在单元格中添加如图5-78所示的Logo图像。

图5-78　添加Logo图像

（2）将光标定位到嵌套表格的第4个单元格中，在"属性"面板中将其宽度设置为268像素，如图5-79所示。

（3）确认当前光标在嵌套表格的第4个单元格中，单击"属性"面板中的【拆分】按钮，在出现的"拆分单元格"对话框中设置如图5-80所示的参数。单击【确定】按钮，将单元格拆分为2行。

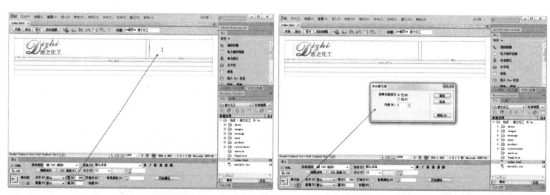

图5-79　设置单元格宽度　　　　　　图5-80　设置单元格拆分参数

（4）将光标定位到拆分后的第1行的单元格中，单击鼠标右键，从出现的快捷菜单中选

第5课 表格及其在布局中的应用

择【编辑标签】命令（或直接使用快捷键【Shift】+【F5】），打开"标签编辑器"对话框，选中其中的"浏览器特定的"类别，如图5-81所示。

(5) 单击"背景图像"选项后面的【浏览】按钮，打开"选择文件"对话框，在其中选择事先准备好的作为单元格背景的图像（本例选择名为main_02.png的图像），如图5-82所示。

图5-81 选中"浏览器特定的"类别

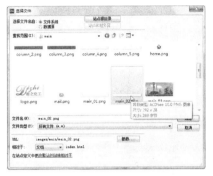
图5-82 选择背景图像

(6) 单击【确定】按钮，返回"标签编辑器"对话框，可以看到指定图像文件的路径和文件名出现在"背景图像"文本框中，如图5-83所示。

(7) 单击【确定】按钮，即可为光标所在单元格指定背景图像，效果如图5-84所示。

图5-83 指定图像文件的路径和文件名

图5-84 背景图像添加效果

(8) 将光标定位到表格第3行中，利用"属性"面板将其高度设置为400像素，如图5-85所示。

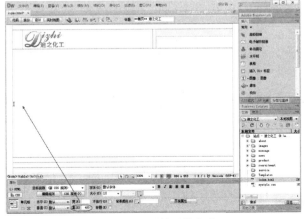
图5-85 设置单元格高度

（9）按下快捷键【Shift】+【F5】，打开"标签编辑器"对话框，选中其中的"浏览器特定的"类别，单击"背景图像"选项后面的【浏览】按钮，打开"选择文件"对话框，在其中选择事先准备好的作为单元格背景的图像（本例选择名为main_03.png的图像），然后单击【确定】按钮返回"标签编辑器"对话框，如图5-86所示。

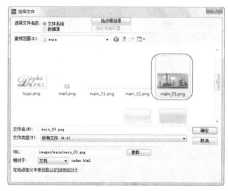 

图5-86　选择背景图像

（10）单击【确定】按钮，使背景图像出现在指定的单元格中，效果如图5-87所示。

（11）将光标定位到表格的第4行中，从菜单栏中选择【插入】|【表格】命令，插入一个1行3列、宽度为100%的嵌套表格，参数设置如图5-88所示。

（12）单击【确定】按钮，创建一个嵌套表格。选定嵌套表格的第1个单元格，利用"属性"面板将其宽度设置为20像素，如图5-89所示。

图5-87　背景图像添加效果

图5-88　嵌套表格参数设置　　　　图5-89　指定单元格宽度

(13) 将光标定位到嵌套表格的第2个单元格中，按下快捷键【Shift】+【F5】，打开"标签编辑器"对话框，在单元格中添加上如图5-90所示的背景图像。

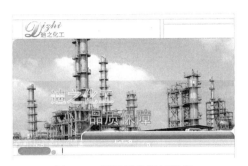

图5-90　背景图像添加效果

(14) 将光标定位到嵌套表格的第3个单元格中，单击"属性"面板中的【拆分】按钮，在出现的"拆分单元格"对话框中设置如图5-91所示的参数。

图5-91　设置单元格拆分参数

(15) 单击【确定】按钮，将单元格拆分为3列，然后将拆分后的第1个单元格的宽度设置为50像素，第2个单元格的宽度设置为406像素，如图5-92所示。

(16) 将光标定位到拆分后的第2个单元格中，按下快捷键【Shift】+【F5】，打开"标签编辑器"对话框，利用其中的选项，在单元格中添加上如图5-93所示的背景图像。

图5-92　设置拆分后的单元格的宽度

图5-93　添加单元格背景图像

（17）将光标定位到表格的第5行中，从菜单栏中选择【插入】｜【表格】命令，插入一个1行2列、宽度为100%的嵌套表格，如图5-94所示。

图5-94　插入嵌套表格

（18）利用"属性"面板，将嵌套表格的第1个单元格的宽度设置为252像素，如图5-95所示。

（19）将光标定位到嵌套表格第1个单元格中，从菜单栏中选择【插入】｜【表格】命令，插入一个8行1列，宽度为100%的嵌套表格，参数设置如图5-96所示。

图5-95　设置单元格的宽度　　　图5-96　嵌套表格参数设置

（20）单击【确定】按钮，创建一个嵌套表格。利用"标签编辑器"对话框，分别在嵌套表格的第2~7行中添加上如图5-97所示的背景图像。

（21）从菜单栏中选择【插入】｜【图像】命令，在嵌套表格的第8行中插入如图5-98所示的【MORE】按钮图标。

 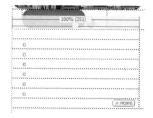

图5-97　添加背景图像　　　图5-98　插入【MORE】按钮图标

（22）将光标定位到当前嵌套表格右侧的单元格中，从菜单栏中选择【插入】｜【表格】命令，插入一个1行4列、宽度为100%的嵌套表格，如图5-99所示。

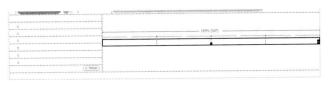

图5-99　插入嵌套表格

(23) 利用"属性"面板，将新嵌套的表格的第1个单元格的宽度设置为30像素，第1个单元格的宽度设置为270像素，第3个单元格的宽度设置为20像素，效果如图5-100所示。

图5-100　设置嵌套表格各单元格的宽度后的效果

(24) 从菜单栏中选择【插入】|【表格】命令，在嵌套表格的第2个单元格中插入一个4行1列、宽度为100%的嵌套表格，效果如图5-101所示。

(25) 利用"属性"面板中的【拆分】按钮，将嵌套表格的第1行拆分为2个单元格，然后在拆分后的第1个单元格中插入如图5-102所示的小图标。

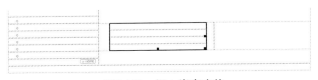

图5-101　插入嵌套表格

图5-102　拆分单元格并插入小图标

(26) 在嵌套表格的第2行中插入一个1行2列的嵌套表格，并将其第1列的宽度设置为124像素，再利用"属性"面板将单元格的背景颜色设置为"#CCCCCC"的灰色，如图5-103所示。

(27) 从菜单栏中选择【插入】|【图像】命令，在单元格中添加上如图5-104所示的图像。

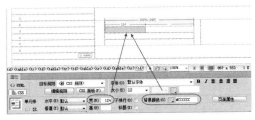

图5-103　插入嵌套表格并设置其宽度和背景颜色

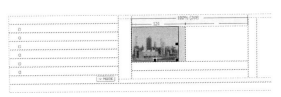

图5-104　添加图像

(28) 从菜单栏中选择【窗口】|【CSS样式】命令，激活"CSS样式"面板，单击其中的【附加样式表】按钮，打开"链接外部样式表"对话框，在"文件/URL"框中输入"迪之化工"站点中已经创建的样式表文件名mystyle.css，如图5-105所示。

图5-105 设置"链接外部样式表"参数

(29) 从"媒体"下拉列表中选择"screen"选项,然后单击【确定】按钮,使名为mystyle.css的样式表文件出现在"CSS样式"面板中。

(30) 单击"CSS样式"面板中的【新建CSS规则】按钮。在出现的"新建CSS规则"对话框中选择"类(可应用于任何HTML元素)"选项,在"选择器名称"文本框中输入选择器的名称为tp1,然后从"规则定义"列表中选择定义规则的位置为mystyle.css,如图5-106所示。

(31) 单击【确定】按钮,出现".tp1的CSS规则定义"对话框,如图5-107所示。

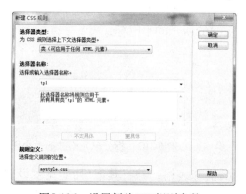

图5-106 设置新建CSS规则参数

图5-107 ".tp1的CSS规则定义"对话框

(32) 直接单击【确定】按钮完成CSS规则的定义,然后将光标定位到图片所在单元格中(注意不要选定图片)。在"属性"面板中将"目标规则"选择为刚定义的.tp1,再单击【居中】按钮,使图片在单元格中居中,如图5-108所示。

图5-108 设置图片在单元格中的对齐位置

(33) 利用"属性"面板,将单元格的高度设置为96像素,如图5-109所示。
(34) 用同样的方法,在当前图片的下一行中插入嵌套表格,然后设置其背景颜色,并添加另一幅图片,效果如图5-110所示。

第5课　表格及其在布局中的应用

图5-109　设置单元格高度

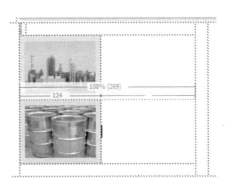

图5-110　添加另一幅图片

(35) 在表格的下一行中插入如图5-111所示的【MORE】按钮，如图5-111所示。

(36) 单击"CSS样式"面板中的【新建CSS规则】按钮。在出现的"新建CSS规则"对话框中将选择器命名为bg1，从"选择定义规则的位置"列表中选择已经保存的名为mystyle.css的样式表，然后单击【确定】按钮并设置.bg1的CSS规则的参数，如图5-112所示。

图5-111　插入【MORE】按钮

图5-112　新建名为.bg1的CSS规则

(37) 将光标定位到嵌套表格所在单元格中，利用"属性"面板将其"目标规则"设置为.bg1，垂直对齐方式设置为"顶端"，如图5-113所示。

(38) 在如图5-114所示的单元格中嵌套一个3行1列、宽度为100%的表格。

图5-113　设置CSS规则和对齐方式

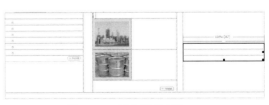

图5-114　插入嵌套表格

（39）在嵌套表格中在插入一个1行5列、宽度为100%的表格，并将第1个单元格的高度设置为94像素、宽度设置为83像素，如图5-115所示。

（40）用同样的方法将第3个和第5个单元格的宽度均设置为83像素，效果如图5-116所示。

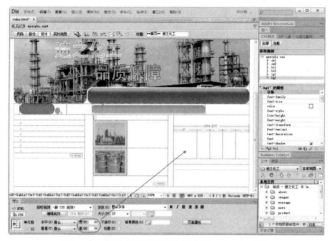

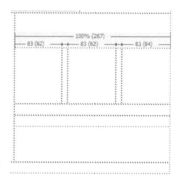

图5-115 嵌套表格并设置其第1个单元格　　　　图5-116 设置另两个单元格的宽度的效果

（41）将光标定位到嵌套表格的第1个单元格中，按下快捷键【Shift】+【F5】，打开"标签编辑器"对话框，选中其中的"浏览器特定的"类别，单击"背景图像"选项后面的【浏览】按钮，打开"选择文件"对话框，在其中选择事先准备好的作为单元格背景的图像（本例选择名为main_07.png的图像），然后单击【确定】按钮返回"标签编辑器"对话框，再单击【确定】按钮在单元格中添加上如图5-117所示的背景图像。

图5-117 为单元格添加背景图像

（42）用同样的方法在第3个和第5个单元格中添加背景图像，效果如图5-118所示。

（43）在当前单元格的下一行中插入一个1行3列，宽度为100%的嵌套表格，然后在第1个单元格中插入如图5-119所示的小图标。

 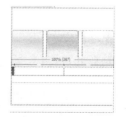

图5-118 添加背景图像　　　　图5-119 插入表格并插入小图标

第5课　表格及其在布局中的应用

(44) 将光标定位到当前单元格的下一行中，单击"属性"面板中的【拆分】按钮，在出现的"拆分单元格"对话框中设置参数，将该行拆分为2行。

(45) 将光标定位到拆分后的第2行中，利用"属性"面板将单元格的高度设置为72像素，如图5-120所示。

(46) 在单元格中插入一个1行3列、宽度为100%的表格，并将第1列和第3列的宽度都设置为126像素，效果如图5-121所示。

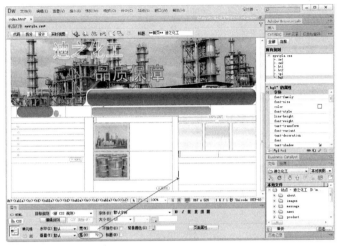

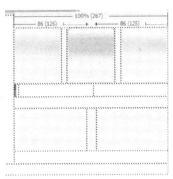

图5-120　设置单元格高度　　　　　图5-121　插入嵌套表格并设置宽度

(47) 在第1个单元格中添加如图5-122所示的图像。

(48) 将整体表格的最后一行单元格的高度设置为72像素，如图5-123所示。

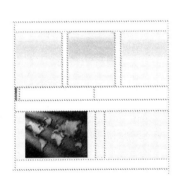

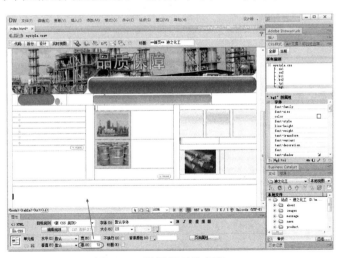

图5-122　添加图像　　　　　　　　图5-123　设置单元格高度

3．添加并美化网页文本

(1) 单击"CSS样式"面板中的【新建CSS规则】按钮。在出现的"新建CSS规则"对话框中将选择器命名为sylj1，从"选择定义规则的位置"列表中选择已经保存的名为mystyle.css的样式表，然后单击【确定】按钮并设置.sylj1的CSS规则的参数,如图5-124所示。

图5-124　创建并设置.sylj1的CSS规则的参数

（2）在表格第2行中输入如图5-125所示的文字并应用.sylj1规则。

（3）在表格第3行中插入一个1行2列、宽度为100%的表格,如图5-126所示。

图5-125　添加文字并应用.sylj1规则　　　　图5-126　插入表格

（4）利用"属性"面板将新插入的表格的垂直对齐方式设置为"底部"对齐,如图5-127所示。

图5-127　设置表格对齐方式

（5）将嵌套表格的第1个单元的高度设置为32像素，宽度设置为32像素，如图5-128所示。

图5-128　设置第1个单元格的高度和宽度

（6）单击"CSS样式"面板中的【新建CSS规则】按钮。在出现的"新建CSS规则"对话框中将选择器命名为sylj2，从"选择定义规则的位置"列表中选择已经保存的名为mystyle.css的样式表，然后单击【确定】按钮并设置.sylj2的CSS规则的参数，如图5-129所示。

图5-129　创建并设置.sylj2的CSS规则的参数

（7）在嵌套表格的第2个单元格中输入如图5-130所示的导航栏文字，并对其应用.sylj2规则。

（8）用同样的方法添加如图5-131所示的其他栏目文字，并应用不同的CSS样式。对于当前样式表中没有的样式，应使用"CSS样式"面板添加相应的规则。

（9）在"最新闻"栏目中输入如图5-132所示的新闻标题，并对其应用名为.zw1的CSS样式。

（10）用同样的方法添加其他文字内容，添加后的效果如图5-133所示。

图5-130　添加导航栏文字　　　　图5-131　添加其他栏目文字

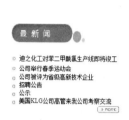

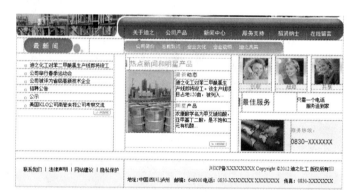

图5-132　输入新闻标题　　　　图5-133　添加其他文字内容

4．添加"友情链接"跳转菜单

（1）将光标定位到"最新闻"栏目的最后1个单元格中，按下【Tab】键2次，插入2个空行，如图5-134所示。

（2）在新插入的第2行中输入如图5-135所示的文字内容，并对其应用名为.zw2的CSS规则。

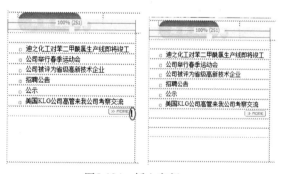

图5-134　插入空行　　　　图5-135　添加文字内容

（3）将光标定位到文字"友情链接："之后，从菜单栏中选择【插入】｜【表单】｜【跳转菜单】命令，打开"插入跳转菜单"对话框，在"文本"框中将默认的文本"项目1"修改为"**请选择网站**"，如图5-136所示。

图5-136　更改第1个项目的名称

(4) 单击【添加】按钮，添加第2个项目，并将其项目名称修改为"中国化工网"，将"选择时，转到URL:"设置为http://china.chemnet.com/，如图5-137所示。

(5) 用同样的方法添加并设置跳转菜单的第2个~第9个项目，效果如图5-138所示。设置完成后单击【确定】按钮，完成一个跳转菜单的制作。

图5-137　添加并设置跳转菜单的第2个项目　　　图5-138　添加跳转菜单的其他项目

(6) 在编辑区中选中"跳转菜单"对象，在"属性"面板中将"初始化时选定"项目设置为"**请选择网站**"，如图5-139所示。设置后，在浏览网页时，跳转菜单框中所显示的默认信息便是"**请选择网站**"。

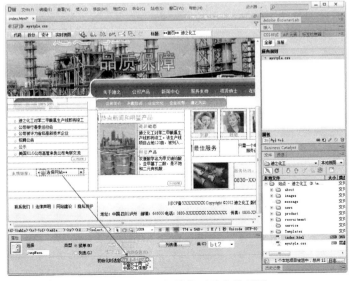

图5-139　设置初始化时选定的项目

（7）按下【Ctrl】+【S】键保存文档，再按下【F12】键在浏览器中预览页面，预览满意后关闭当前文档，完成"首页"页面的制作。

课后练习

1．在你的站点页面中创建一些表格，然后将文本和图像对象分别放置在不同单元格中。
2．利用"属性"面板，对各个页面中的表格进行设置。
3．参照5.3节，利用表格对你的站点的首页页面进行合理的布局，然后添加网页元素。

第6课 链接和模板

本课知识结构

链接是一种网页上的常见对象，是页面中不可缺少的重要元素，只有将若干网页链接在一起，才能形成完整的网站。Dreamweaver CS6提供了多种创建超文本链接的方法，可创建到文档、图像、多媒体文件或可下载文件的链接，也可以建立到文档内任意位置的任何文本或图像的链接。另外，网站风格是设计网站的重要原则之一，网站的所有页面应体现同一风格。使用Dreamweaver的模板，可以很方便地控制网站的风格。本课将结合实例介绍链接和模板的创建和应用，具体知识结构如下：

就业达标要求

☆ 充分理解链接的重要作用
☆ 熟练掌握创建和设置链接的方法
☆ 掌握特殊链接的创建和设置方法
☆ 了解模板在网页布局中的重要作用
☆ 掌握模板的创建、编辑和设置方法
☆ 熟悉利用模板创建网页的方法

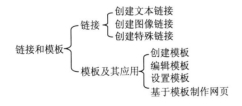

6.1 实例:"首页"链接设置(创建链接)

链接的类型很多,按链接路径的不同,链接一般分为内部链接、锚点链接和外部链接等类型;按照网页中链接所使用对象的不同,链接可以分为文本链接、图像链接、E-mail链接、多媒体对象链接、空链接等类型。在Dreamweaver中创建和管理链接的方法比较灵活,既可以在编辑页面元素时创建一些指向尚未建立的页面或文件的链接,也可以先创建所有的文件和页面元素,然后再为这些项目添加上相应的链接。

本节以创建本书第5课5.3节中制作的"首页"页面的链接为例,介绍创建和设置链接的方法。设置链接后的页面文档请参考本书"配套素材\mysite\迪之化工有限公司\index.html"文件。

1.直接创建链接

(1)启动Dreamweaver CS6,双击"文件"面板中"迪之化工"站点下名为index.html的网页文件,打开已经初步制作好的"迪之化工"首页文档。

(2)在Dreamweaver 的"文档"窗口中选中要创建链接的文本对象。本例选择"关于迪之"几个字,如图6-1所示。

(3)使用"属性"面板上的"链接"文本框,可直接输入链接目标的绝对路径或相对路径。本例先展开"属性"面板,进入HTML属性设置环境,然后在"链接"文本框中直接输入链接文档的路径和文件名,本例输入about/about.html,如图6-2所示。

图6-1 选择要创建链接的文本对象

图6-2 直接输入链接目标

> **提示:** 每个网页都有一个唯一的地址,即URL。但在创建本地链接(从一个文档到同一站点上另一个文档的链接)时,通常不指定要链接到的文档的完整URL,而是指定一个始于当前文档或站点根文件夹的相对路径。所以,要创建链接,必须先明白从作为链接起点的文档到作为链接目标的文档之间的文件路径。链接路径主要有绝对路径和相对路径两种类型。

(4)单击"链接"文本框以外的任意位置,即可确认所创建的链接。可以看到,文档中选定的要创建链接的文字对象的颜色发生了变化,并在其下方添加上了下划线,如图6-3所示。

图6-3 链接创建效果

2.设置链接对象外观

(1)默认情况下,文本链接在链接文字的下方有一条蓝色下划线,文字颜色为蓝色,在浏览器中单击链接后会自动变为棕色。要更改链接对象的显示格式,应利用

CSS样式表文件进行设置。单击"标签栏"下方名为mystyle.css的样式表文件名，进入如图6-4所示的拆分界面，左窗格中显示的便是CSS样式表的代码。

（2）将光标定位到代码窗格最后一个字符后面，按下【Enter】键换行，然后输入如图6-5所示的代码。其中，代码"a{text-decoration:none;}"的含义是去除链接的下划线，代码"a:hover{text-decoration:underline;}"的含义则是当鼠标移动到链接上时才添加下划线。

（3）按下【Ctrl】+【S】键保存文档，再按下【F12】键在浏览器中预览页面，链接文字的效果如图6-6所示。

图6-4　进入拆分界面

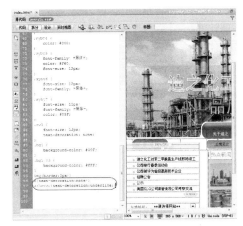

图6-5　添加链接下划线代码

图6-6　添加链接下划线代码后的链接文本

（4）现在，链接文字的颜色仍然为默认的蓝色。要将文字颜色修改为原来的颜色（如将"公司简介"几个字改为白色），最有效的方法也是添加CSS代码，本例添加的代码如图6-7所示。

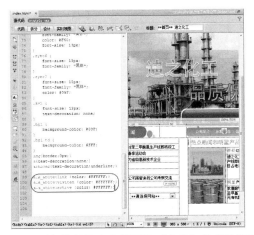

图6-7　添加将链接文字设置为"白色"的CSS代码

提示：CSS提供了一些用于定义特殊效果的"伪类"，要定义链接样式，应先添加上链接的"锚标签"——a，将锚标签和伪类结合起来，便可以定义链接样式。定义链接样式最常用的伪类包括"a:link"，用于定义一般情况下链接的样式；"a:visited"，用于定义已访问过链接的样式；"a:hover"，用于定义鼠标悬浮在链接上时的样式；"a:active"，用于定义鼠标单击链接时的样式。本例中，定义了一个名为a_white的类，各行代码及其含义如下：

```
a.a_white:link {color: #FFFFFF;}      /*链接的颜色为白色*/
a.a_white:visited {color: #FFFFFF;}   /*已访问链接的颜色为白色*/
a.a_white:active {color: #FFFFFF;}    /*活动链接的颜色为白色*/
```

(5) 单击编辑区上方的【设计】按钮返回"设计"视图，选中已设置了链接的文字"公司简介"，然后在"属性"面板中将"类"设置为a_white，如图6-8所示。

图6-8　应用"类"

(6) 从"目标"下拉列表中选择"new"选项，如图6-9所示。该选项表示在浏览器中单击名为"公司简介"的链接时，将在新的浏览器窗口中打开链接文档。

(7) 保存文档后按下【F12】键，在浏览器中打开当前页面，可以看到将鼠标指针指向设置了链接的文字时将变为"手形"，且文字下方出现一条下划线，但文字的颜色不变，如图6-10所示。单击链接，便可在新窗口中打开链接目标指定的页面。

图6-9　设置打开链接文档的方式　　　　　　图6-10　应用"类"后的链接

3．用【文件夹】图标创建链接

(1) 使用"属性"面板"中的【文件夹】图标，也能创建链接。先在"文档"窗口选择要创建的链接文本，然后在"属性"面板中单击"链接"文本框右侧的【文件夹】图标，如图6-11所示。

图6-11　选定要设置链接的对象并单击【文件夹】图标

第6课　链接和模板

(2) 出现"选择文件"对话框后,选择要链接到的目标文件。在站点内默认的链接文件方式是"文档"相对路径,如图6-12所示。如果要使用"站点根目录"相对路径,应在"相对于"下拉列表框中选择"站点根目录"选项,然后在"URL"框中输入"/dzc/about/culture/culture.html"这样的格式,其中第1个"/"表示"根目录"。

(3) 设置完成后,单击【确定】按钮即可创建一个链接,再将"类"设置为a_white,效果如图6-13所示。

图6-12　选择要链接到的目标文件

图6-13　链接创建效果

4．用【指向文件】图标链接文档

(1) 使用"属性"面板中的【指向文件】图标 ⊕ ,可以更直观地创建一个链接。同样,先在"文档"窗口中选择要创建的链接文本对象(本例选择文本"总裁致词")。

(2) 展开"文件"面板中包含目标文件的文件夹,将"属性"面板中的"链接"文本框右侧的【指向文件】图标 ⊕ 拖向"文件"面板中的链接目标文档(本例为speech.html),如图6-14所示。

图6-14　将【指向文件】图标 ⊕ 拖动到特定文件

> **技巧**：如果"文件"面板中没有目标文档,可右击要创建文档的文件夹,从出现的快捷菜单中选择【创建文档】命令来创建一个临时的空白文档。为了便于制作管理网站和制作网页,常常需要创建类似的空白文档。

(3) 释放鼠标，"链接"文本框将更新为新指向的链接文件，再将"类"设置为a_white，效果如图6-15所示。

图6-15　链接设置效果

提示：在"文档"窗口中选中要创建的链接文本、图像或其他对象后，按下【Shift】键，从选定内容处开始拖动，也会出现"指向文件"图标，将其指向其他打开的文档或指向"文件"面板中的一个文档，也可以创建链接。

5．用"链接"对话框创建链接

（1）通过"链接"对话框创建的链接不但可以添加网页文字对象，还可以指定多个参数。同样，先在"文档"窗口中选择要创建的链接文本对象（本例选择文本"企业视频"），如图6-16所示。

（2）从菜单栏中选择【插入】|【链接】命令，或在"插入"面板的"常用"类别中，单击【链接】按钮，都将打开"链接"对话框。

（3）在"文本"文本框中，输入要在文档中作为链接显示的文本（如果当前选择的对象本身就是文本，则文本内容会自动出现在"文本"文本框中）。浏览时，该文本将出现在页面中。

（4）在"链接"文本框中，输入要链接到的文件的名称。也可以单击【文件夹】图标浏览选择链接目标文件。

（5）在"目标"下拉菜单中选择链接窗口打开方式，本例的设置情况如图6-17所示。

图6-16　选择要创建的链接文本对象

图6-17　"超级链接"对话框的参数设置

提示：还可以在"标题"文本框中，输入链接的标题；在"访问键"文本框中，输入一个键盘字母作为等效键盘键，以便在浏览器中选择该链接；在"Tab 键索引"文本框中，输入Tab键顺序的编号。

（6）设置完成后，单击【确定】按钮，即可将链接插入网页文档中，效果如图6-18所示。

（7）单击"标签栏"下方名为mystyle.css的样式表文件名，进入"拆分"视图。在当前代码的后面添加上如图6-19所示的代码。这段代码定义了一个名为a_black的类，该"类"用于指定链接文本各种状态下的颜色均为黑色（十六进制颜色码均为#000000）。

第6课 链接和模板

图6-18 链接设置效果

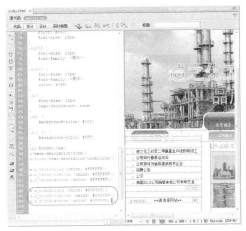

图6-19 定义名为a_black的类

(8) 选定"最新闻"栏目下面的第1个新闻标题，在"属性"面板中设置其链接到的目标文件和目标文档在浏览器中的打开方式，再将其"类"设置为a_black，如图6-20所示。

(9) 用同样的方法，设置"最新动态"栏目下的文字链接，如图6-21所示。

图6-20 设置链接参数

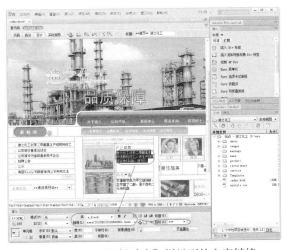

图6-21 设置"最新动态"栏目下的文字链接

(10) 再用同样的方法，为"首页"页面中的其他文字对象创建链接。

(11) 设置完成后，要预览链接情况，只需保存文档后按下【F12】键即可在浏览器窗口中打开当前页面，再单击其中的链接即可按设置的方式更新窗口内容。

6．创建图像链接

(1) 创建图像链接的方法与创建文本链接的方法基本相同。例如，要将"首页"页面中的LOGO图标链接到网站首页，只需选中该图像对象，然后在"属性"面板的"链接"框中设置要链接到的目标文件，再从"目标"下拉列表中选择目标文档在浏览器中的打开方式，如图6-22所示。

（2）又如，选中"最新闻"栏目下的MORE图标，在"属性"面板中设置其链接参数，如图6-23所示。

图6-22　创建图像链接

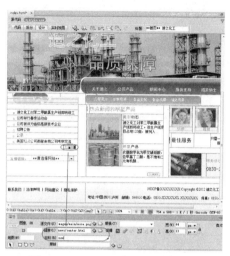
图6-23　MORE图标的链接参数

（3）用同样的方法，对"首页"文档中需要设置链接的图像设置好链接。

7．创建邮件链接

（1）在浏览器中单击电子邮件链接，将启动系统默认的电子邮件程序来打开写邮件的窗口，并在"收件人"文本框中自动填入电子邮件链接所指定的地址。用户只需输入主题和邮件内容，即可向对方发送邮件。要在Dreamweaver页面文档中创建电子邮件链接，应先在"文档"窗口的"设计"视图中，选择要作为电子邮件链接出现的对象，如图6-24所示。

（2）从菜单栏中选择【插入】|【电子邮件链接】命令，或者在"插入"面板的"常用"类别中，单击【电子邮件链接】按钮，出现"电子邮件链接"对话框。

（3）在"文本"栏中可以输入或编辑要在文档中作为电子邮件链接出现的文本，也可以不输入信息；在"电子邮件"文本框中，输入该邮件将发送到的电子邮件地址，本例输入Webmaster@dizhi.com，如图6-25所示。

图6-24　选择要作为电子邮件链接出现的对象

图6-25　"电子邮件链接"对话框

（4）单击【确定】按钮，即可创建电子邮件链接。

提示：还可以直接利用"属性"面板来创建电子邮件链接，具体方法是：在"设计"视图中选择要设置链接的文本或图像，然后在"属性"面板的"链接"文本框中输入mailto:，后面再加上电子邮件地址。例如，输入mailto: Webmaster@dizhi.com，如图6-26所示。

第6课 链接和模板

图6-26 用"属性"面板设置邮件链接

（5）要预览链接情况，只需在保存文档后按下【F12】键，然后在浏览器窗口中单击设置了邮件链接的对象，即可打开默认的电子邮件程序并进入"写邮件"窗口，如图6-27所示。

图6-27 预览效果

8．创建空链接

（1）空链接是未指定具体目标的链接，这类链接主要用于向页面上的对象附加行为。先在"文档"窗口的"设计"视图中选择要创建链接的对象。

（2）在"属性"面板的"链接"文本框中输入"javascript:;"即可，如图6-28所示。

9．创建脚本链接

（1）脚本链接是一种用于执行JavaScript代码或调用JavaScript函数的链接。使用脚本链接，能够在不退出当前网页的情况下为访问者提供有关某项的附加信息。脚本链接还可用于在访问者单击特定项时，执行计算、表单验证和其他处理任务。同样，先在"文档"窗口的"设计"视图中选择要创建脚本链接的对象，本例选择"设为首页"几个字。

（2）单击文档窗口上方的【拆分】按钮进入。"拆分"视图，此时在代码窗格中会自动选中"设为首页"几个字，如图6-29所示。

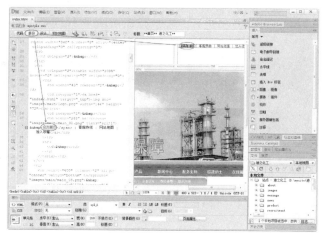

图6-28　创建空链接　　　　　　　图6-29　进入"拆分"视图

(3) 将选定的文本替换为javascript代码 "<a href="javascript:void(0)' target=_self onClick='this.style.behavior='url(#default#homepage)';this.setHomePage(location.href)'>设为首页</a>",如图6-30所示。

(4) 单击【设计】按钮返回"设计"视图，即可在"链接"框中看到修改代码后的效果，再将"类"设置为a_black，如图6-31所示。

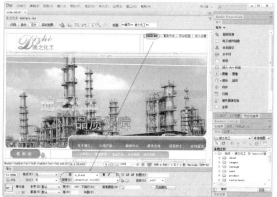

图6-30　编辑脚本代码　　　　　　　图6-31　设置"类"

(5) 保存页面后按下【F12】键预览网页，单击"加入收藏"链接时，将出现如图6-32所示的"添加或更改主页"对话框，可以利用其中的选项将当前页面添加到浏览器的收藏夹中。

图6-32　单击链接出现的对话框

(6) 在"文档"窗口的"设计"视图中选择要创建脚本链接的对象,本例选择"加入收藏"几个字。

(7) 在"属性"面板的"链接"文本框中输入"javascript:",然后跟上一些JavaScript代码或函数调用,如输入"javascript:window.external.AddFavorite('http://localhost/t','迪之化工')",如图6-33所示。

(8) 保存页面后按下【F12】键预览网页,单击"加入收藏"链接时,将出现如图6-34所示的"添加到收藏夹"对话框,可以将当前页面添加到浏览器的收藏夹中。

图6-33 设置脚本链接

图6-34 单击链接出现的对话框

提示:如果页面的内容很长,为便于用户浏览,可以将某些特定的对象链接到同一文档中的其他位置上。要创建这类链接,应先创建一组"命名锚记",然后再用"属性"面板将某个对象链接到文档的特定位置。很多网站都设置有文件下载链接,单击这类链接,可以从网站上将文件下载到本地硬盘中。创建文件下载链接的方法很简单,只需将链接指向非网页格式的文件即可。

6.2 实例:二级页面模板(创建模板)

模板是一种用于设计统一风格页面布局的特殊类型的文档。使用模板,既能快速创建网站,而且还能使各个网页的风格保持一致。例如,一个网站的大多数网页都要求其版面风格相似,其标题、导航条完全相同,只是正文部分不同,只需创建一个模板,就可以将网页中无须变化的对象固定下来,然后再用来应用到其他风格类似的网页中。显然,只修改模板对应页面的部分内容,就能快速制作出各个页面。

本节将创建"迪之化工"网站的5个二级页面的模板,分别是"关于迪之"模板、"公司产品"模板、"新闻中心"模板、"服务支持"模板和"招贤纳士"模板,这些模板将用于网站各栏目的网页制作。模板文档的制作效果请参考本书"配套素材\mysite\迪之化工有限公司\Templates\"文件夹中扩展名为.dwt的文件。如图6-35所示为其中2个模板的创建效果。

图6-35　部分二级页面模板的创建效果

1. 创建模板

（1）可以基于现有页面创建模板，创建前应先将打开现有网页文档。本例打开本课6.1节制作完成的名为index.html的文档，该文档确定了整个"迪之化工"站点的布局和风格。

（2）从菜单栏中选择【文件】|【另存为模板】命令，打开"另存模板"对话框，从"站点"下拉列表中选择用来保存模板的站点（本例使用默认的"迪之化工"站点），在"另存为"文本框里输入模板的名称，本例为news，表示将网页另存为"新闻"页面的模板，如图6-36所示。

（3）单击【保存】按钮，系统会将模板文档保存在站点根文件夹下的Templates文件夹中，扩展名为".dwt"。如果Templates文件夹在站点中尚不存在，系统将在保存模板时自动创建该文件夹，如图6-37所示。

图6-36　模板保存参数设置

图6-37　模板保存效果

注意：①除非以前选择了"不再显示此对话框"，否则执行"保存"时将跳出警告，表示正在保存的文档中没有可编辑区域。单击【确定】按钮将文档另存为模板，或单击"取消"退出此对话框而不创建模板。②不要将模板移动到Templates文件夹之外或者将任何非模板文档放在Templates文件夹中。此外，不要将Templates文件夹移动到本地根文件夹之外。这样做将在模板中的路径中引起错误。③除了将现有文档创建为模板外，

Dreamweaver CS6还可以直接创建空白模板，创建方法和创建普通页面类似，也可以在"新建文档"对话框中选择"空模板"，然后根据系统预设的布局形式来创建一个空白模板。

2．编辑模板内容

（1）选中页面中形象图片所在单元格，将其高度修改为218像素，如图6-38所示。

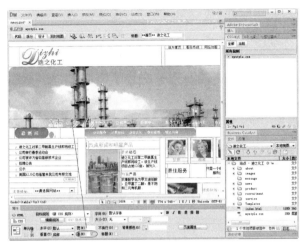

图6-38　修改单元格高度

提示：模板的内容应该是同类页面的公共对象。因此，基于网页创建模板后，应对页面进行修改，既要保留源文档中的公共部分并对这些部分进行适当修改，又要根据需要添加一些新内容。

（2）按下【F9】键打开"标签检查器"面板，在其中找到并选中名为background（背景）的选项，然后单击出现的【浏览】按钮，打开"选择文件"对话框，再选择新的背景图像，如图6-39所示。

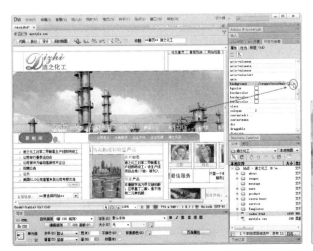 

图6-39　选择新的背景图像

(3) 单击【确定】按钮，即可将页面中当前单元格的背景图像替换为新的背景图像，效果如图6-40所示。

(4) 分别选定页面中不需要的各种对象（包括嵌套表格），然后按下【Delete】键将它们删除，删除效果如图6-41所示。保留下来的对象的原来所设置的链接也被保留下来。

图6-40　背景图像替换效果　　　　　　　图6-41　删除不需要的对象

提示： 要去除某个单元的背景，只需将光标定位到该单元格中，然后在"标签检查器"面板中将background选项的链接内容清除即可。

(5) 在导航栏下方的单元格中插入一个1行3列、宽度为100%的嵌套表格，如图6-42所示。

图6-42　插入嵌套表格

(6) 将光标定位到嵌套表格的第1个单元格中。在"标签检查器"面板中找到并选中名为background的选项，然后单击出现的【浏览】按钮，在出现的"选择文件"对话框中选择一个背景图像文件，单击【确定】按钮将其作为单元格的背景图像，再将其宽度设置为248像素、高度设置为73像素，如图6-43所示。

图6-43　为单元格添加背景图像并设置单元格的宽度和高度

(7) 使用"插入"面板中的"图像"选项，在单元格中插入1个图标，再输入"新闻中心"几个字，并将其"类"设置为.bt2，将单元格的水平和垂直居中方式都设置为居中对齐，如图6-44所示。

(8) 用同样的方法在嵌套表格的第3个单元格中添加上文字，并将其"类"设置为.zw1，如图6-45所示。当前位置信息用于指示当前网页在站点中的层次等级。

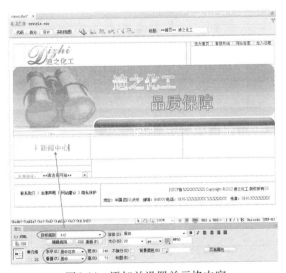

图6-44　添加并设置单元格内容

图6-45　添加当前位置信息

(9) 将"新闻中心"下方单元格的宽度设置为246像素、高度设置为280像素，如图6-46所示。

(10) 在当前单元格中插入一个7行1列、宽度为100%的嵌套表格，如图6-47所示。

图6-46 设置单元格的宽度和高度　　　　图6-47 插入嵌套表格

（11）选定新嵌套表格的所有单元格，利用"属性"面板设置其对齐方式，如图6-48所示。

图6-48 设置单元格对齐方式

（12）将光标定位到嵌套表格的第1个单元格中，从菜单栏中选择【插入】｜【图像对象】｜【鼠标经过图像】命令，在出现的"插入鼠标经过图像"对话框中分别设置鼠标经过前和鼠标经过时的图像，然后单击【确定】按钮，在单元格中插入第1个鼠标经过图像对象，如图6-49所示。

图6-49 插入第1个鼠标经过图像对象

（13）用同样的方法插入另外5个鼠标经过图像对象。这些对象将作为二级导航栏，如图6-50所示。

（14）将光标定位到如图6-51所示的单元格中，将其高度设置为560像素。

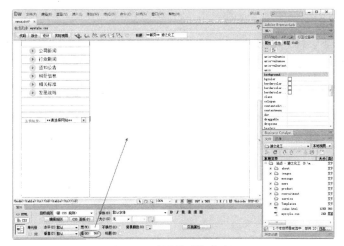

图6-50　二级导航栏　　　　　图6-51　设置单元格高度

（15）利用"标签检查器"面板，在单元格中添加一个背景图像，如图6-52所示。

图6-52　添加背景图像

（16）在单元格中插入一个2行1列、宽度为100%的嵌套表格，如图6-53所示。
（17）将嵌套表格第1行的高度设置为96像素、第2行的高度设置为464像素，效果如图6-54所示。

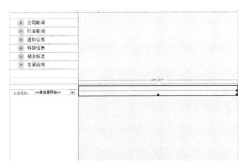 

图6-53　插入嵌套表格　　　　　图6-54　设置单元格高度

(18) 根据需要，为模板中的对象创建链接。

3．定义模板可编辑区域

(1) 创建Dreamweaver模板时，会自动锁定文档的大部分区域。因此，需要指定基于模板的文档中的哪些区域可编辑。在创建模板的过程中，在可编辑区域和锁定区域中都可以进行更改。但在基于模板的文档中，模板用户只能在可编辑区域中进行更改，无法修改锁定区域。在文档窗口中选中要定义为可编辑区域的对象，这里选择如图6-55所示的单元格。

图6-55　选择要定义为可编辑区域的单元格

提示：为避免在进行模板编辑时出现误操作，模板的内容默认为不可编辑，只有在把某个区域或者某段文本设置为可编辑状态之后，在由该模板创建的文档中才可以改变这个区域。使用模板时，通过编辑可编辑区域的内容得到与模板相似但又有所不同的网页文档。Dreamweaver CS6提供了以下类型的可编辑区域。

- 可编辑区域：可编辑区域是基于模板文档中的未锁定区域，是模板用户可以编辑的部分。模板创建者可以将模板的任何区域指定为可编辑区域。要让模板生效，应该至少包含一个可编辑区域，否则会无法编辑由该模板生成的页面。
- 重复区域：重复区域是模板文档中设置为重复的布局部分。例如设置重复的表格行。通常重复部分是可编辑的，这样模板用户可以编辑重复元素中的内容，同时使设计本身处于模板创建者的控制之下。在基于模板的文档中，模板用户可以根据需要使用重复区域控制选项来添加或删除重复的区域副本。可以在模板中插入两种类型的重复区域：重复区域和重复表格。
- 可选区域：可选区域是在模板中指定的可选显示部分，用于模板用户控制基于模板的文档中是否出现内容（如可选文本或图像）。
- 可编辑标签属性：可编辑标签属性可以在模板中解锁标签属性，以使该属性可以在基于模板的页面中被编辑。例如，可以将"锁定"的文档图像解锁对齐属性，允许模板用户设置图像的对齐方式为左对齐、右对齐或居中对齐。

(2) 从菜单栏中选择【插入】｜【模板对象】｜【可编辑区域】命令，出现"新建可编辑区域"对话框，如图6-56所示。

(3) 在"名称"文本框中输入可编辑区域名称，单击【确定】按钮即可以把选定区域定义为可编辑区域，效果如图6-57所示。

第6课　链接和模板

图6-56　"新建可编辑区域"对话框

图6-57　可编辑区域定义效果

注意：创建可编辑区域时，可以将整个表格或单独的表格单元格标记为可编辑区域，但不能将多个表格单元格标记为单个可编辑区域。在为可编辑区域命名时，不要在"名称"文本框中使用特殊字符，如单引号（'）、双引号（"）、尖括号（<>）等。

（4）在"文档"窗口中选定如图6-58所示的嵌套表格。

（5）从菜单栏中选择【插入】|【模板对象】|【可编辑区域】命令，出现"新建可编辑区域"对话框，在"名称"文本框中输入可编辑区域名称后单击【确定】按钮，即可以把选定区域定义为另一个可编辑区域，效果如图6-59所示。

提示：要删除已经定义的可编辑区域，可以选中已经定义的可编辑区域（或将插入点定位到可编辑区域内），然后单击鼠标右键，从出现的快捷菜单中选择【模板】|【删除模板标记】命令，即可删除已定义的可编辑区域，使该区域重新锁定。

图6-58　选定嵌套表格

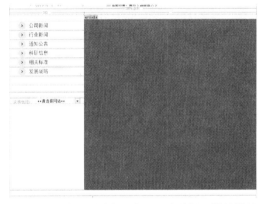
图6-59　把选定区域定义为另一个编辑区域的效果

4．定义模板可选区域

（1）要定义可选区域，应先在"文档"窗口中选择要定义为可选区域的对象，如图6-60所示。

图6-60　选择要定义为可选区域的对象

提示：可选区域是指模板中指定的可选显示部分，该区域可以由用户来控制基于模板的文档是否出现的内容（如可选文本或图像）。可选区域有以下两种。

- 使用可选区域：模板用户可以显示和隐藏特别标记的区域。在这些区域中，用户无法编辑内容。根据模板中设置的条件，模板用户可以设置该区域在基于模板的页面中是否可见。
- 使用可编辑可选区域：模板用户可以设置是否显示或隐藏该区域，并且用户可以编辑该区域中的内容。

(2) 从菜单栏中选择【插入】|【模板对象】|【可选区域】命令，或者右键单击所选内容，从出现的快捷菜单中选择【模板】|【新建可选区域】命令，打开"新建可选区域"对话框，如图6-61所示。

(3) 在"新建可选区域"对话框中输入可选区域的名称后单击【确定】按钮，即可创建一个可选择区域，效果如图6-62所示。

图6-61 "新建可选区域"对话框　　图6-62 可选择区域的创建效果

(4) 要重新打开"新建可选区域"对话框修改可选区域参数，可在"设计"视图下面选择<mmtemplate:if>标签，在"属性"面板中就会出现可选区域属性，单击【编辑】按钮，将重新打开"新建可选区域"对话框，如图6-63所示。

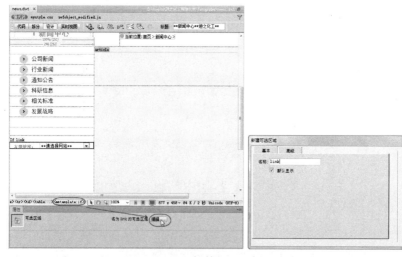

图6-63 用<mmtemplate:if>标签打开"新建可选区域"对话框

(5) 切换到如图6-64所示的"高级"选项卡,可以将多个可选区域链接到一个已命名的参数上。在基于模板的文档中,这两个区域将作为一个整体显示或隐藏。

图6-64 "新建可选区域"对话框的"高级"选项卡

提示:定义可选区域时,模板用户只能控制其显示或隐藏,而不能编辑区域内的内容。如果想进行内容的编辑,可使用【插入】│【模板对象】│【可编辑的可选区域】命令插入可编辑的可选区域。此外,还可以选择【插入】│【模板对象】│【重复区域】命令来定义模板的重复区域。重复区域可以使用两种重复区域对象:重复区域和重复表格。

(6) 保存模板文档,完成名为new.dwt的模板的制作。

5. 制作其他模板

(1) 第1个模板制作好后,其他模板的制作更加简单。打开名为new.dwt的模板文档,从菜单栏中选择【文件】│【另存为】命令,将当前模板文档另存为名为about.dwt的模板文档,参数设置如图6-65所示。

(2) 单击【保存】按钮,即可保存名为about.dwt的模板文档并进入如图6-66所示的编辑界面。

图6-65 另存为模板文档

图6-66 about.dwt的模板文档的编辑界面

(3) 将光标定位到栏目背景图像所在单元格,利用"标签检查器"中的背景设置选项对模板中单元格背景图像进行修改,如图6-67所示。也可以根据需要修改可编辑区域。

(4) 再对栏目名称和当前位置等文本内容进行修改,如图6-68所示。

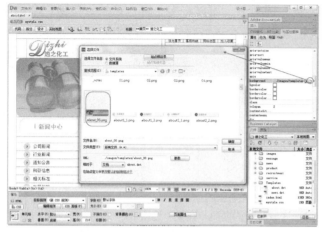
图6-67 修改单元格背景图像

图6-68 修改栏目名称和当前位置

（5）选定当前模板中名为"公司新闻"的鼠标经过图像，按下【Delete】键将其删除，再从菜单栏中选择【插入】|【图像对象】|【鼠标经过图像】命令，插入名为"公司简介"的鼠标经过图像，如图6-69所示。

图6-69 修改第1个鼠标经过图像

（6）用同样的方法修改其他鼠标经过图像，效果如图6-70所示。
（7）保存模板文档，完成第2个模板文档的制作。该文档将作为"关于迪之"栏目二级页面和三级页面的模板。
（8）用同样的方法，通过对当前模板文档进行另存、修改内容的方法制作出"公司产品"、"服务支持"和"招贤纳士"3个模板文档，效果如图6-71所示。

图6-70 导航栏修改效果

图6-71 通过修改当前模板的方法制作其余3个模板文档

第6课 链接和模板

(9) 同样，也需要为各个模板中新增的对象创建链接。

6.3 实例：制作基于模板的网页（应用模板）

　　模板在本质上是一个后缀名为.dwt特殊的页面文档，该文档存储在站点根目录下的Templates文件夹中，是在模板设计视图中制作的固定页面布局，这种页面布局可在制作其他页面时直接引用。模板被修改时，基于该模板的所有文档布局将会随之立即更新。在Dreamweaver CS6中，编辑模板的最终目的是使用模板，将模板应用于网页文档中，从而快速地制作出丰富多彩的网页文档。

　　本节将根据本课6.2节中创建的二级页面的模板制作"迪之化工"网站中不同栏目的部分网页。制作效果请参考本书"配套素材\mysite\迪之化工有限公司\"文件夹下不同子文件夹中的文件。如图6-72所示为其中2个页面的制作效果。

图6-72　用模板制作的2个页面

1. 创建基于模板的文档

(1) 可以直接以模板为基础创建新的文档，也可以将模板应用于现有的网页文档。要直接以模板为基础创建文档，应从菜单栏中选择【文件】|【新建】命令，打开"新建文档"对话框。

(2) 选择"模板中的页"类别，从"站点"列表中选择包含模板的站点，然后从可用的模板列表中，选择模板文档，如图6-73所示。

(3) 单击【创建】按钮，在"文档"窗口中打开新的文档，其中包含了模板的可编辑区域和锁定区域，如图6-74所示。

图6-73　在"新建文档"对话框中选择模板文档

(4) 从菜单栏中选择【文件】|【保存】命令，将文档保存在"D:\mysite\迪之化工有限公司\news\201206"子文件夹中，并将文档命名为20120608001.html，如图6-75所示。

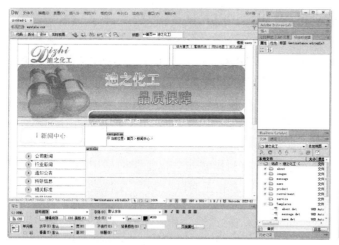

图6-74　基于模板创建的文档　　　　　　　图6-75　保存页面文档

技巧：网站中的文件数量很多，且需要不断更新。为了便于识别和管理文件，在保存页面时，常用日期作为子文件夹名称，并用"日期+序号"来命名网页。

(5) 在"当前位置"可编辑区中添加如图6-76所示的文本内容。
(6) 在"正文"可编辑区的第1个单元格中插入如图6-77所示的图像（子栏目Logo）。
(7) 在"正文"可编辑区的第2个单元格中插入一个4行1列的表格，参数设置如图6-78所示。

图6-76　添加文字

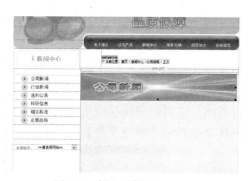

图6-77　插入子栏目Logo　　　　图6-78　表格参数设置

(8) 单击【确定】按钮插入表格，再将表格的垂直对齐方式设置为"顶端"对齐，如图6-79所示。
(9) 在表格中输入如图6-80所示的文字内容。
(10) 利用CSS样式对文字进行修饰，并设置文字在单元格中的对齐方式及单元格高度，如图6-81所示。

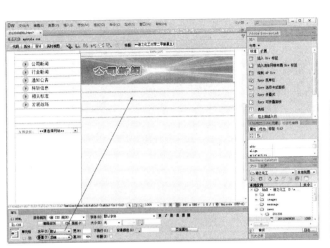

图6-79 设置表格的垂直对齐方式　　　　图6-80 输入文字内容

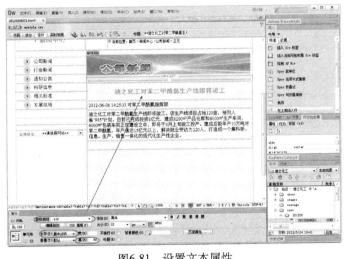

图6-81 设置文本属性

(11) 用同样的方法美化另外两段文本，效果如图6-82所示。
(12) 在嵌套表格的最后一个单元格中插入一个嵌套表格并使其底部对齐，如图6-83所示。

图6-82 美化另外两段文本　　　　图6-83 创建嵌套表格

(13) 输入如图6-84所示的文本内容，然后分别为每条新闻设置链接。

(14) 在页面的"标题"框中输入文字"**迪之化工对苯二甲酰氯生产线即将竣工**新闻中心** 迪之化工"。

(15) 保存文档,然后按下【F12】键在系统默认浏览器中预览制作完成的页面,效果如图6-85所示。可以看到,该页面中的"导航栏"不太美观,各个横条都有一个蓝色的边框。

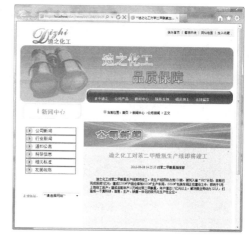

图6-84 输入文本内容　　　　　图6-85 预览效果

(16) 要去除图像上的蓝色边框,可单击文档标签下方的"mystyle.css"选项,进入mystyle.css的代码编辑环境,再在代码的最后添加如图6-86所示的CSS代码。

(17) 保存CSS文件和页面文档,然后按下【F12】键在系统默认浏览器中预览制作完成的页面,此时蓝色边框消失,如图6-87所示。

图6-86 添加CSS代码　　　　　图6-87 预览效果

提示:为方便其他"公司新闻"页面的制作,建议删除当前新闻页面中正文和相关新闻的文本内容,再将其另存为一个名为new_1的模板,如图6-88所示。

第6课 链接和模板

图6-88 另存模板

2．用模板修改已有文档

(1) 对于已经制作完成的文档，也可以使用模板将其修改成站点统一的风格。要将模板应用于现有的网页文档，应先打开要应用模板的文档。本例打开第5课5.2节中制作完成的名为about.html的文件，如图6-89所示。

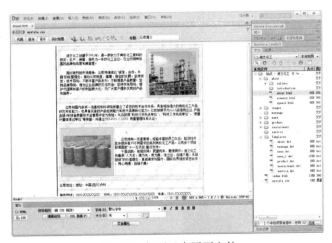

图6-89 打开已有网页文件

(2) 从菜单栏中选择【修改】｜【模板】｜【应用模板到页】命令，出现"选择模板"对话框，从"站点"下拉列表中选择"迪之化工"网站，再从"模板"列表中选择名为about的模板，如图6-90所示。

> 提示：之所以选择名为about的模板，是因为当前打开的"公司简介"页面是"关于迪之"栏目下的页面。

(3) 单击【选定】按钮确认设置。如果文档中存在不能自动指定到模板区域的内容，将出现如图6-91所示的"不一致的区域名称"对话框，其中包含了两个未解析的可编辑区域。

　　图6-90　"选择模板"对话框　　　　图6-91　"不一致的区域名称"对话框

（4）选定第1个未解析的可编辑区域，从"将内容移到新区域"下拉列表中选择如图6-92所示的第1个对应目标。

（5）用同样的方法选择第2个未解析的可编辑区域的对应目标，如图6-93所示。

 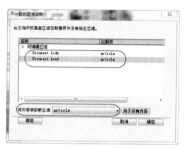

　　图6-92　选择第1个对应目标　　　　图6-93　选择第2个对应目标

（6）单击【确定】按钮，即可为当前文档应用指定的模板，效果如图6-94所示。

（7）适当修改文档中可编辑区域的内容，如修改"当前位置"内容，如图6-95所示。

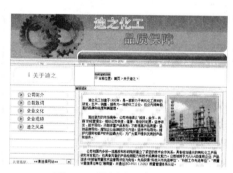 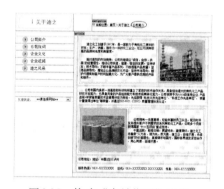

　　图6-94　模板应用效果　　　　　　图6-95　修改"当前位置"内容

（8）按下【Ctrl】+【S】键保存文档，完成"公司简介"页面的制作。

提示：将模板应用于网页文档后，网页文档也就与模板关联了。当模板改变以后，网页文档的布局也会随之改变。如果想让网页文档与模板不关联，可以将网页文档和模板进行分离。分离之后，网页文档也就不再受模板限制了，原来的锁定区域也变为可编辑。要从模板分离文档，只需打开想要分离的基于模板的文档，然后从菜单栏中选择【修改】|【模板】|【从模板中分离】命令，即可使文档从模板中分离。分离后，所有模板代码都被删除。

3. 使用模板中的可选区域

(1) 插入可选区域时，可以为模板参数设置特定值或在模板中定义条件语句，可以根据需要在以后修改可选区域。根据定义的条件，模板用户可以在创建的基于模板的文档中编辑参数并控制是否显示可选区域。先打开基于模板的文档，本例打开套用模板后的"公司简介"页面。

(2) 从菜单栏中选择【修改】|【模板属性】命令，打开如图6-96所示的"模板属性"对话框，其中显示了可用属性的列表。在"名称"列表中选择一个属性后，将更新以显示所选属性的标签及其指定值。

(3) 选择"显示"复选框以显示文档中的可选区域，或取消选择该复选框将其隐藏。要使当前页面不显示名为link的可选区域的内容，只需去除对"显示link"复选框的选择，如图6-97所示。link可选区域的内容为"友情链接"跳转菜单。

图6-96 "模板属性"对话框　　　图6-97 取消"显示link"复选框的选择

(4) 单击【确定】按钮完成设置，效果如图6-98所示。可以看到，该页面中不再显示"友情链接"跳转菜单。

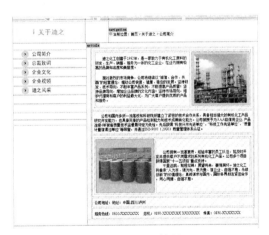

图6-98 设置效果

(5) 在文档标题框中输入"**公司简介**关于迪之**迪之化工"，按下【Ctrl】+【S】键保存文档，再按下【F12】键在浏览器中预览页面，完成"公司简介"页面的美化。

(6) 用同样的方法，为已经制作好的其他页面套用模板。如图6-99所示分别为"企业文化"页面和"总裁致词"页面套用模板后的效果。

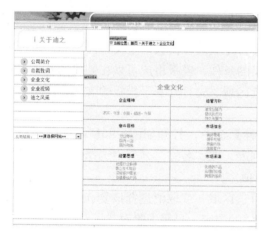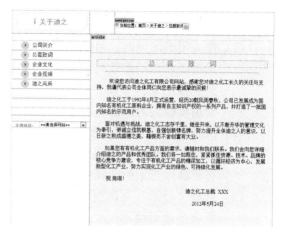

图6-99 "企业文化"和"总裁致词"页面套用模板后的效果

提示： 更改并保存模板时，Dreamweaver CS6可以自动更新基于该模板的所有文档。在更改模板后，对模板进行保存时会出现如图6-100所示"更新模板文件"对话框。要想更新基于该模板的所有文档，只需单击【更新】按钮即可。如果不想更新，则单击【不更新】按钮。

图6-100 "更新模板文件"对话框

课后练习

1．为你在前几课的"课后练习"中所创建的页面设置链接，然后在浏览器中预览链接情况。

2．在你的网站中创建一些风格一致的模板，并设置其可编辑区域和可选区域。

3．为你的网站中已经制作好的页面套用模板。

4．基于你所创建的模板，制作一系列页面文档，并设置好必要的链接。

第7课

图层和框架

本课知识结构

Dreamweaver CS6将带有绝对位置的所有Div标签都视为AP Div元素，它是一种分配有绝对位置的HTML页面元素。从外观上看，AP Div元素是悬浮在页面中的一块矩形区域。AP Div本身是一种透明的、按照一定顺序悬浮在页面上的对象，其大小可自由设置。使用AP Div元素，可以使页面对象以像素为单位进行精确定位，从而使页面整体布局整齐、美观。框架技术则用于将浏览器显示空间人为分割为几个部分，每个部分都能独立显示不同的网页，但又能很好地融为一个整体。对于使用框架的页面，访问者在浏览器中不需要为每个页面重新加载与导航相关的图形，且每个框架都可以有独立的滚动条，可以独立滚动这些框架。本课将结合实例介绍图层和框架的使用方法，知识结构如下：

就业达标要求

☆ 熟悉AP Div的功能和使用场合
☆ 掌握可视化助理工具的应用和设置方法
☆ 掌握AP Div元素的创建和设置方法
☆ 熟悉将AP Div元素转换为表格来布局页面的方法
☆ 充分理解框架和框架集的含义及应用
☆ 掌握框架的创建、编辑和设置方法

```
                           ┌ 创建 AP Div 元素
          ┌ 创建和设置 AP Div 元素 ┤ 编辑 AP Div 元素
          │                │ 嵌套 AP Div 元素
          │                └ 设置 AP Div 元素
图层和框架 ┤ 将 AP Div 转换为表格
          │            ┌ 创建框架
          └ 框架及其应用 ┤ 编辑和设置框架
                       └ 应用框架
```

7.1 实例:"招聘流程"页面(AP Div元素及其应用)

Dreamweaver CS6的AP Div元素(绝对定位元素,习惯上将AP Div称为"层")是一种分配有绝对位置的HTML页面元素。AP Div元素可以包含文本、图像或其他任何可以放置到HTML文档正文中的内容,主要用于高效地进行页面布局。

本节以制作如图7-1所示的"招聘流程"页面为例,介绍AP Div元素及其应用方法。制作效果请参考本书"配套素材\mysite\迪之化工有限公司\recruitment\process.html"文件。

1.应用可视化助理工具

(1)启动Dreamweaver CS6,在"文件"面板的"迪之化工"站点下的recruitment文件夹中新建一个名为process.html的网页文档。双击"文件"面板中名为process.html的网页文档,在编辑区中打开该文档,如图7-2所示。

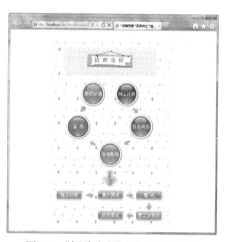

图7-1 "招聘流程"页面制作效果

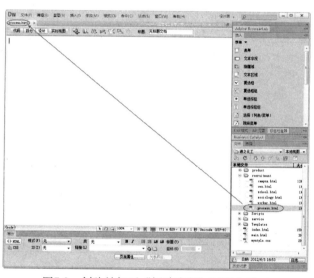

图7-2 创建并打开"招聘流程"页面文档

(2)Dreamweaver CS6中引入了标尺、辅助线和网格可视化助理等工具。利用这些工具可以对页面进行简单的布局并精确地定位各种网页元素,从而在设计网页时就能粗略估算出文档在浏览器中的外观。从菜单栏中选择【查看】|【标尺】|【显示】命令,在"文档"窗口的顶部和左侧将出现如图7-3所示的标尺。

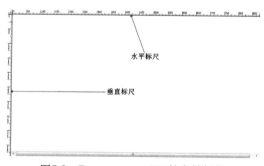

图7-3 Dreamweaver CS6的文档标尺

> **提示:** 标尺主要用于辅助测量、组织和规划网页布局。显示出标尺后,在"文档"窗口中移动鼠标时,将分别在水平标尺和垂直标尺上显示当前光标位置。要显示/隐藏标尺,只需从菜单栏中选择【查看】|【标尺】|【显示】命令。

(3) 要更改标尺原点，只需将"文档"窗口的"设计"视图左上角的标尺原点图标拖到页面上的任意位置，如图7-4所示；要将原点恢复到默认位置，只需双击标尺原点图标。

(4) 标尺可以以像素、英寸或厘米为单位来标记。要更改度量单位，只需从菜单栏中选择【查看】|【标尺】命令，然后从如图7-5所示的子菜单中选择"像素"、"英寸"或"厘米"选项即可。

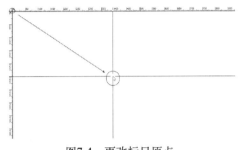
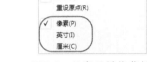

图7-4　更改标尺原点　　　　图7-5　尺度量单位菜单

(5) 从菜单栏中选择【查看】|【辅助线】|【编辑辅助线】命令，打开"辅助线"对话框，在其中设置如图7-6所示的参数。

提示：辅助线主要参数如下。
- 辅助线颜色：用于设置辅助线的颜色。
- 距离颜色：用于设置在查看辅助线之间的距离时，作为距离指示器出现的线条的颜色。
- 显示辅助线：选中该选项，可以使辅助线在"设计"视图中可见。
- 靠齐辅助线：选中该选项，可以使页面元素在页面中移动时靠齐辅助线。
- 锁定辅助线：选中该选项，可以将辅助线锁定在适当位置。
- 辅助线靠齐元素：选中该选项，可以在拖动辅助线时将辅助线靠齐页面上的元素。
- 清除全部：单击该按钮，可以从页面中清除所有辅助线。

(6) 要创建水平辅助线，只需在水平标尺上向文档区中拖动鼠标即可，如图7-7所示。

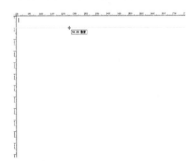

图7-6　辅助线参数设置　　　　图7-7　创建水平辅助线

提示：辅助线是一种从标尺拖动到"文档"窗口中的线条。使用辅助线，可以准确地放置和对齐对象，也可以使用辅助线来测量页面元素的大小。

(7) 要创建垂直辅助线，只需在垂直标尺上向文档区中拖动鼠标即可，如图7-8所示。

（8）用同样方法，创建一系列准备用于定位AP Div元素的其他辅助线，如图7-9所示。

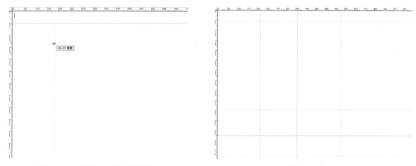

图7-8　创建垂直辅助线　　　　图7-9　创建其他辅助线

（9）要移动辅助线，只需将鼠标指针移向辅助线，将指针变为 状时，拖动鼠标即可，如图7-10所示。

（10）要精确地移动辅助线，可双击辅助线，然后在出现的"移动辅助线"对话框中输入辅助线的新位置即可，如图7-11所示。

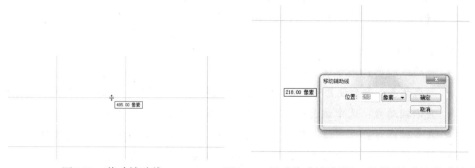

图7-10　移动辅助线　　　　图7-11　用"移动辅助线"对话框精确地移动辅助线

（11）要查看两条辅助线之间的距离，只需按下【Ctrl】键，然后将鼠标指针移动到两条辅助线之间的任何位置即可，如图7-12所示。

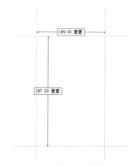

图7-12　查看两条辅助线之间的距离

提示：辅助线的常用操作如下。

- 要显示或隐藏辅助线，可从菜单栏中选择【查看】|【辅助线】|【显示辅助线】命令。

第7课 图层和框架

- 要将元素靠齐到辅助线,可从菜单栏中选择【查看】|【辅助线】|【靠齐辅助线】命令。启用靠齐辅助线功能后,在调整元素(如AP Div元素、表格和图像)的大小时,所调整的元素会自动靠齐辅助线。
- 要将辅助线靠齐元素,可从菜单栏中选择【查看】|.【辅助线】|【辅助线靠齐元素】命令。
- 要将已创建的辅助线固定下来,可从菜单栏中选择【查看】|【辅助线】|【锁定辅助线】命令,锁定的辅助线将不能被选定,也不能被移动或删除;要解除对辅助线的锁定,只需再次从菜单栏中选择【查看】|【辅助线】|【锁定辅助线】命令即可。
- 要删除不需要的辅助线,只需将其拖离"文档"窗口即可。

(12) 网格是一种在"文档"窗口中显示的一系列水平线和垂直线。合理地使用网格,可以精确地放置对象。要在编辑区中显示出网格,只需从菜单栏中选择【查看】|【网格设置】|【显示网格】命令。要显示隐藏网格,则再次从菜单栏中选择【查看】|【网格设置】|【显示网格】命令。

(13) 从菜单栏中选择【查看】|【网格设置】|【靠齐到网格】命令,将启用或禁用靠齐功能。启用靠齐功能后,在调整页面元素(如AP Div元素、表格和图像)的大小时,所调整的元素会自动靠齐辅助线。

(14) 从菜单栏中选择【查看】|【网格设置】|【网格设置】命令,将出现"网格设置"对话框,本例的设置情况和应用效果如图7-13所示。

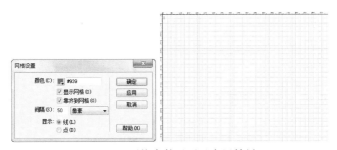

图7-13 网格参数设置及应用效果

提示:网格设置的主要选项如下。
- 颜色:用于指定网格线的颜色。
- 显示网格:选中该选项,将使网格在"设计"视图中可见。
- 靠齐到网格:选中该选项,将使页面元素靠齐到网格线。
- 间隔:用于控制网格线的间距。
- 显示:用于指定网格线是显示为线条还是显示为点。

2.创建AP Div元素

(1) 将插入点定位到文档中要插入AP Div元素的位置,如图7-14所示。

(2) 从菜单栏中选择【插入】|【布局对象】|【AP Div】命令,便能将AP Div元素插入到页面插入点处,效果如图7-15所示。所插入的AP Div元素的大小是系统默认的大小。

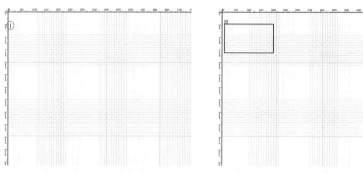

图7-14　定位插入点　　　　　　　图7-15　AP Div元素插入效果

（3）选中插入的AP Div元素，将出现如图7-16所示的AP Div元素"属性"面板。可以利用其中的选项来更改AP Div元素的相关参数。

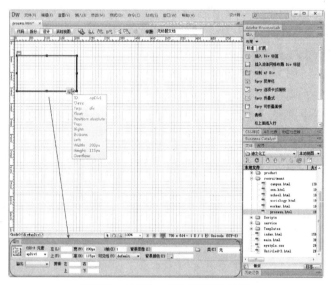

图7-16　AP Div元素"属性"面板

提示：AP Div元素与Word中的文本框相似，可以放置在页面的任何位置上。作为一种容器，在AP Div元素内部又可以放置文字、图片、Flash对象等页面元素，从而方便地制作出下拉菜单、在页面中漂浮的图片、气泡消息框等动态效果。AP Div元素的属性较多，主要有以下内容。

- "CSS-P元素"下拉列表框：AP Div元素的"属性"面板综合了对AP Div元素控制的所有属性，在"属性"面板中可以单独对一个AP Div元素设置，也可以对多个AP Div元素同时设置。可以从下拉列表中选择要设置的AP Div的元素名称。

- "左"和"上"文本框：用于在页面中定位AP Div元素，即AP Div元素的左上角距离页面或父级的左边距和上边距，默认单位为像素。

- "宽"和"高"文本框：用于设置AP Div元素的大小，默认单位为像素。如果AP Div元素中插入的元素超过指定大小，在默认情况下，AP Div元素将自动扩大，但"宽"和"高"的值不变。本例的设置情况如图7-17所示。

第7课 图层和框架

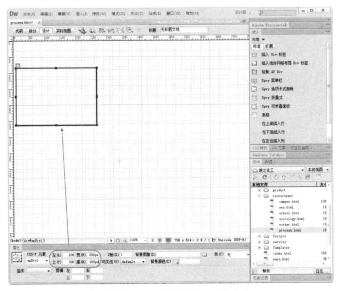

图7-17 设置AP Div元素的大小

- "Z轴"文本框：用于设置AP Div元素的叠放顺序。该值可以取正值、0、负值。当AP Div元素重叠时，Z轴值大的AP Div元素在其他Z轴值小的AP Div元素上面。
- "可见性"下拉列表框：用于设置AP Div元素的可见属性，默认属性为显示。
- "背景图像"文本框：用于在AP Div元素中加入背景图。单击右边的文件夹图标将打开"选择图像源文件"对话框，可以从中选择要作为背景的图像文件。如果背景图小于AP Div元素的大小，背景图将反复填充整个AP Div元素；如果背景图大于AP Div元素的大小，背景图将只显示一部分。
- "背景颜色"文本框：用于设置AP Div元素背景色，默认背景色为空，即透明背景。单击"背景颜色"文本框旁边的█图标，将出现颜色选择面板，只需通过吸管工具就可以吸取作为背景的颜色。左上角颜色为选定色，中间为该色的十六进制代码，右边两个按钮分别是"默认颜色"和"系统颜色拾取器"。
- "类"下拉列表框：用于选择CSS设计样式。
- "溢出"下拉列表框：用于设置当插入的内容超过AP Div元素的大小时，对AP Div元素内容进行处理的方式。下拉列表框中提供了4个选项，其中"Visible"选项指当内容超出AP Div元素的大小时，AP Div元素自动扩展以容纳超出的内容；"Hidden"选项指当内容超出AP Div元素的大小时，将隐藏超出部分内容；"Scroll"选项在AP Div元素上添加垂直和水平滚动条；"Auto"选项将根据AP Div元素中的内容自动添加垂直或水平滚动条。
- "剪辑"：类似于Word中的页边距，通过上下左右边距来设定显示区域。在此要强调的是，左右边距都是以AP Div元素的左边界作为参考对象，而上下边距都是以AP Div元素的上边界作为参考对象来设置距离的，单位为像素。

(4) 在"插入"面板中选择"布局"类别，然后将【绘制AP Div】按钮拖动到页面的插入点的位置处释放鼠标，也能创建一个默认大小的AP Div元素，如图7-18所示。

171

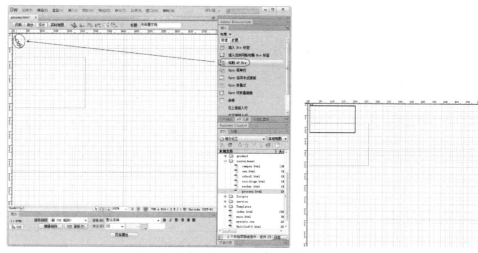

图7-18　用拖动法创建默认大小的AP Div元素

提示：要更改系统对AP Div元素的默认大小，可以从菜单栏中选择【编辑】|【首选参数】命令，在出现的"首选参数"对话框中选择"AP元素"类别，出现如图7-19所示的AP Div元素设置选项。其中，各选项的含义如下。

- "显示"下拉列表框：用于设置插入新AP Div元素时的可见性。其中有4个选项，即"default"、"inherit"、"visible"和"hidden"。default是系统默认选项；inherit主要用于嵌套在AP Div元素的父级上，表示继承父级的显示属性；visible和hidden可以直接设置新AP Div元素的显示状态，visible为可见，而hidden为不可见。

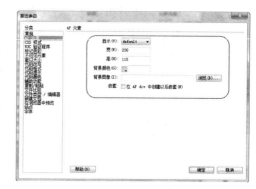

- "宽"和"高"：用于设置新插入AP Div元素的宽和高的值。
- "背景颜色"：使用CSS样式定义AP Div元素的背景颜色，默认情况下为无色。
- "背景图像"：在AP Div元素的背景上插入图像。

图7-19　"AP元素"默认参数

- "嵌套"：针对描绘AP Div元素来创建嵌套AP Div元素这种方式。当该选项被选中时，在一个已存在的AP Div元素中创建新AP Div元素，新建AP Div元素将变成父级，原来已存在的AP Div元素变为父级。

(5) 要更灵活地创建AP Div元素，应使用手工绘制的方法。在"插入"面板中选择"布局"类别，然后单击【绘制AP Div】按钮，再移动鼠标到页面文档中的任意位置，在指针变成十字光标后，按住鼠标左键拖动。拖动的距离为AP Div元素所形成的矩形对角线的长度，矩形的大小即为AP Div元素的大小，释放鼠标就创建了手工描绘AP Div元素，绘制过程如图7-20所示。用这种方法可以在页面的任何位置创建任意大小的AP Div元素。

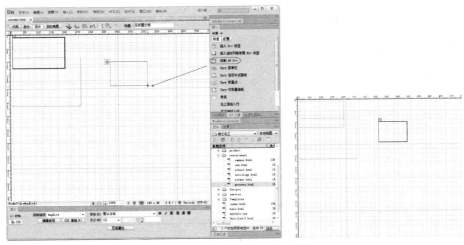

图7-20 手工绘制AP Div元素

3. 编辑AP Div元素

（1）AP Div元素是一种能包含网页中使用的任何元素的容器。在AP Div元素中插入文本、图像等网页元素前，必须先激活AP Div元素。激活的方法很简单，只需把插入点定位到AP Div元素内，然后单击鼠标即可。AP Div元素被激活后，插入点会出现在AP Div元素内部，AP Div元素边界会突出显示，并出现一个AP Div元素的移动手柄，如图7-21所示。

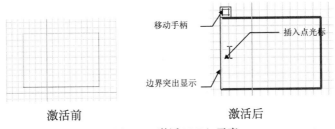

图7-21 激活AP Div元素

（2）要选择AP Div元素，只需将光标移动到AP Div元素的边界上，当出现十字光标时，单击鼠标左键即可选中该AP Div元素，如图7-22所示。AP Div元素被选中后，AP Div元素的状态和AP Div元素激活状态相似，唯一不同的是在边界上多出了8个控制点，这些控制点主要用于调整AP Div元素的大小。

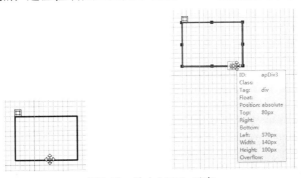

图7-22 选中AP Div元素

提示：选择AP Div元素的性质与激活AP Div元素不同。选择AP Div元素的主要目的是移动AP Div元素、调整AP Div元素的大小或改变AP Div元素的属性。选择AP Div元素还有以下多种方法。

- 单击AP Div元素的移动手柄。如果AP Div元素移动手柄没有出现，可以先激活AP Div元素。
- 在AP Div元素内部按住【Ctrl】+【Shift】键单击鼠标。
- 在"AP元素"面板中单击AP Div元素的名称。
- 按住【Shift】键单击AP Div元素或者"AP元素"面板中AP Div元素名称可选择多个AP Div元素。当多个AP Div元素被选择时，在最后被选择的AP Div元素边界上会出现实心控制点，而在其他AP Div元素边界上出现空心控制点。

(3) 可以将AP Div元素移动到页面的任意位置。要移动AP Div元素，应先激活或者选中AP Div元素，待出现AP Div元素移动手柄后，将鼠标光标移动到移动手柄上或边界线上，这时出现十字移动光标。

(4) 单击鼠标左键不放，将AP Div元素拖动到适当位置，释放鼠标即可，如图7-23所示。

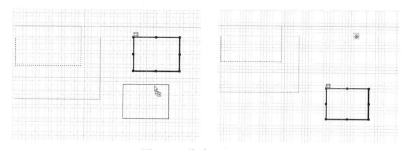

图7-23　移动AP Div元素

技巧：选中AP Div元素后，可通过键盘方向键以1个像素为单位进行移动，用【Shift】+方向键以10个像素为单位进行移动。

(5) 要调整AP Div元素的大小，只需先选中AP Div元素，使AP Div元素边界上出现8个控制点。将鼠标移动到控制点上，当光标变为双向箭头（↔）时，按住控制点拖曳改变AP Div元素的大小，如图7-24所示。

提示：选中AP Div元素后，按住【Ctrl】键再按方向键，每按下方向键一次，其AP Div元素的宽度或高度将改变1个像素；按住【Ctrl】+【Shift】键再按方向键，每按下方向键一次，其AP Div元素的宽度或高度将改变10个像素。要精确地控制AP Div元素的大小，还可以在AP Div元素的"属性"面板器中直接输入"宽"和"高"度这两项值。

(6) 对于多个AP Div元素，要调整其大小，先应按下【Ctrl】键选中要调整的多个AP Div元素，如图7-25所示。

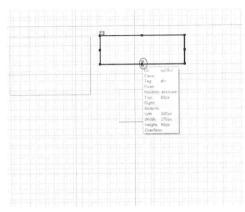
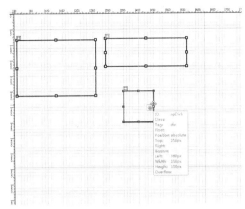

图7-24 用拖曳法调整AP Div元素的大小　　　图7-25 选中多个AP Div元素

(7) 从菜单栏中选择【修改】|【排列顺序】|【设成宽度相同】命令，所有选中AP Div元素的宽度都将被调整为最后选定AP Div元素的宽度，如图7-26所示。

(8) 从菜单栏中选择【修改】|【排列顺序】|【设成高度相同】命令，所有选中AP Div元素的高度都将被调整为最后选定的AP Div元素，如图7-27所示。

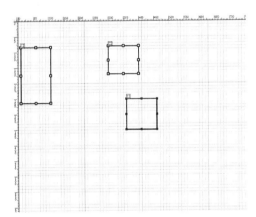
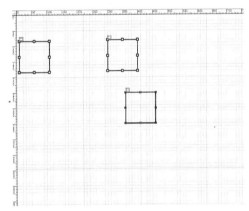

图7-26 使3个AP Div元素的宽度相同　　　图7-27 使3个AP Div元素的高度相同

(9) 可以对AP Div元素进行复制、剪切、粘贴和删除操作。选中要编辑的AP Div元素，然后单击鼠标右键，出现如图7-28所示的快捷菜单。

(10) 要复制AP Div元素，可以从快捷菜单中选择【拷贝】命令，对应的快捷键为【Ctrl】+【C】；要剪切AP Div元素，则选择【剪切】命令，对应的快捷键为【Ctrl】+【X】；要粘贴AP Div元素，可选择【粘贴】命令，对应的快捷键为【Ctrl】+【V】；要删除AP Div元素，则选择【删除标签】命令，对应键盘上的【Delete】键。本例通过拷贝/粘贴的方法创建出如图7-29所示的多个AP Div元素。

(11) 选定多个AP Div元素后，从菜单栏中选择【修改】|【排列顺序】|【上对齐】命令，将以最后选定的AP Div元素作为参考对象，把其他AP Div元素按照最后选定的AP Div元素的上边界对齐，如图7-30所示。

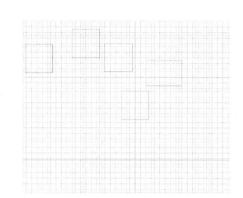

图7-28　AP Div元素快捷菜单　　图7-29　用拷贝/粘贴的方法创建多个AP Div元素

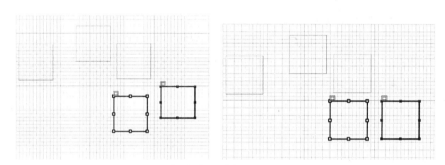

图7-30　沿上边界对齐两个AP Div元素

(12) 要左对齐多个AP Div元素，可在选定多个AP Div元素后，从菜单栏中选择【修改】|【排列顺序】|【左对齐】命令，将以最后选定的AP Div元素作为参考对象，把其他AP Div元素按照最后选定的AP Div元素的左边界对齐。

(13) 要右对齐多个AP Div元素，可在选定多个AP Div元素后，从菜单栏中选择【修改】|【排列顺序】|【右对齐】命令，以最后选定的AP Div元素作为参考对象，把其他AP Div元素按照最后选定的AP Div元素的右边界对齐。

(14) 要对齐下缘多个AP Div元素，可在选定多个AP Div元素后，从菜单栏中选择【修改】|【排列顺序】|【对齐下缘】命令，将以最后选定的AP Div元素作为参考对象，把其他AP Div元素按照最后选定的AP Div元素的下边界对齐。本例的对齐效果如图7-31所示。

提示：AP Div元素有三维属性，其属性体现在Z轴上。Z轴值越大，AP Div元素越在最上面，反之亦然。要调整AP Div元素的叠放顺序，只需从菜单栏中选择【修改】|【排列顺序】|【移到最上层】或【移动到最下层】命令，便能将AP Div元素快速提升到页面最上面或快速降低至页面最低层。此外，利用AP Div元素"属性"面板中的"Z轴"参数，也可以调整AP Div元素的叠放顺序。

4．创建嵌套AP Div元素

(1) 嵌套AP Div元素是指在已有的AP Div元素内部所包含的AP Div元素。利用AP Div元素嵌套，可以使AP Div元素与AP Div元素之间形成父子关系，当父级AP Div元素

第7课 图层和框架

移动或隐藏时，包含在内的子级AP Div元素也将随之而移动或隐藏。创建嵌套AP Div元素的方法与创建普通AP Div元素相似，但应先将插入点定位到父级AP Div元素内部，如图7-32所示。

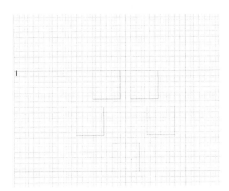
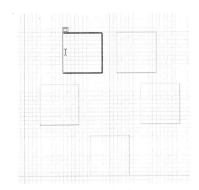

图7-31　AP Div元素对齐效果　　　图7-32　将插入点定位到父级AP Div元素内部

(2) 从菜单栏中选择【插入】｜【布局对象】｜【AP Div】命令，便能在父级AP Div元素内部内嵌一个子级AP Div元素，如图7-33所示。

(3) 从菜单栏中选择【窗口】｜【AP元素】命令，将打开如图7-34所示的"AP元素"面板。可以看到父级AP元素和子级AP元素的隶属关系。

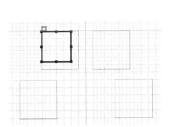

图7-33　创建子级AP Div元素　　　图7-34　"AP元素"面板

提示： "AP元素"面板直观地显示了页面中所有AP Div元素的名称、叠放层次以及AP Div元素之间的关系。"AP元素"面板中包含了AP Div元素的可视性、名称、三维层叠顺序这3个基本属性。页面中的AP Div元素在面板中以列表方式显示，新建立的AP Div元素总是在"AP元素"面板的最上面。"AP元素"面板的主要选项如下。

- AP Div元素的可视性：面板中左边有"眼睛"标记的一栏表示AP Div元素的可视性。"无标记"时默认在显示AP Div元素；"睁眼标记" 表示显示AP Div元素；"闭眼标记" 表示隐藏AP Div元素。单击可视性栏的"眼睛"标记，可以在3种标记之间切换。

- ID栏：用于显示和设置AP Div元素的名称。当AP Div元素被选中时，面板中对应的AP Div元素名会突出显示。系统默认的名称是apDiv1，apDiv2，apDiv3，…，可以双击该名称后进行修改。

- 三维层叠属性："AP元素"面板的最右侧的一栏是AP Div元素的三维层叠属性，用Z轴来表示。
- "防止重叠"选项：选中该选项，所创建的AP Div元素无法叠放在一起。在已存在的AP Div元素上创建新AP Div元素时，在已存在的AP Div元素内部将显示⊘光标，此时只能紧贴AP Div元素边界创建新AP Div元素。

5．在AP Div元素中添加内容

（1）要在AP Div元素中添加内容，应先激活对应的AP Div元素，本例激活如图7-35所示的父级AP Div元素。

（2）从菜单栏中选择【插入】|【图像】命令，在出现的"选择图像源文件"对话框中选择要插入到当前激活的AP Div元素中的图像，单击【确定】按钮，即可将图像插入到AP Div元素内部，如图7-36所示。

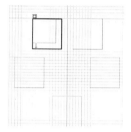

图7-35　激活父子AP Div元素

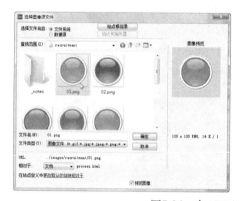

图7-36　在AP Div元素中插入图像

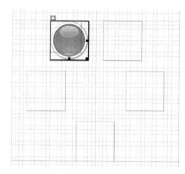

（3）激活当前AP Div元素内嵌的子级AP Div元素，在其中输入如图7-37所示的文字。

（4）将名为mystyle.css的外部样式表文件附加到"CSS样式"面板中，再新建一个名为pro_1的CSS规则，参数设置如图7-38所示。

图7-37　在内嵌的子级AP Div元素中输入文字

图7-38　创建CSS规则

(5) 对子级AP Div元素中的文字应用pro_1样式, 效果如图7-39所示。
(6) 拖动鼠标, 缩小AP Div元素的大小, 如图7-40所示。

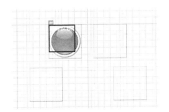

图7-39 文字应用样式的效果

图7-40 缩小AP Div元素的大小

(7) 将光标置于文字行中, 单击"属性"面板上的【居中】按钮, 使文字在AP Div元素中居中, 如图7-41所示。
(8) 用同样的方法在其他4个AP Div元素中嵌套子级AP Div元素, 并添加上相应的文字内容, 制作完成后的效果如图7-42所示。此时, "AP元素"面板中的内容如图7-43所示。
(9) 再绘制一个AP Div元素, 然后在其中插入如图7-44所示的箭头图标。

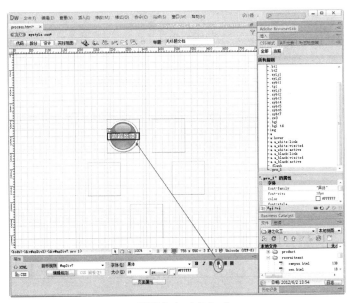

图7-41 设置文字对齐方式

图7-42 制作完成的5个图形对象

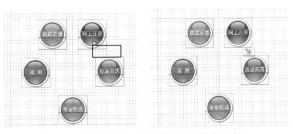

图7-43 "AP元素"面板中的内容

图7-44 绘制AP Div元素并插入箭头图标

(10) 用同样的方法绘制其他3个AP Div元素并在其中插入箭头图标,效果如图7-45所示。

(11) 用类似的方法,再利用AP Div元素添加如图7-46所示的流程图标和文字内容。

(12) 在当前图形的上方沿网格绘制一个AP Div元素,然后利用"属性"面板为其添加背景图像,如图7-47所示。

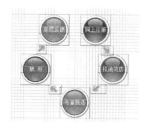

图7-45　绘制其他AP Div元素并插入箭头图标

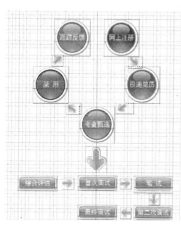

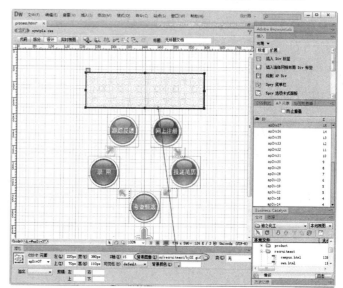

图7-46　添加流程图和文字内容　　　　图7-47　绘制AP Div元素并添加背景图像

(13) 在AP Div元素中插入如图7-48所示的图形。

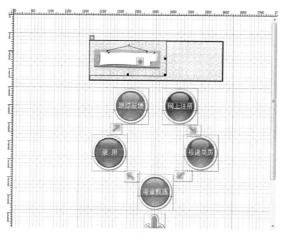

图7-48　插入图形

(14) 取消对图形对象的选择,然后将光标置于AP Div元素内部,使用快捷键【Shift】+【F5】打开"标签编辑器"对话框,将其"对齐"方式设置为"居中对齐",设置后单击【确定】按钮,参数设置和效果如图7-49所示。

 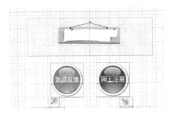

图7-49　设置AP Div元素内部对象的对齐方式及其效果

(15) 在当前AP Div元素中绘制一个AP Div元素，然后在其中输入"招聘流程"几个字并设置其"类"，效果如图7-50所示。

(16) 再绘制一个AP Div元素，将"招聘流程"图的所有对象都包含在其中，如图7-51所示。

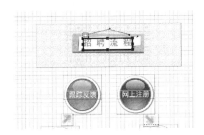 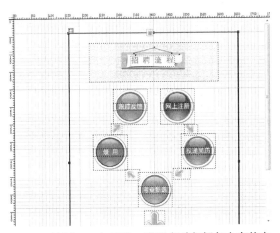

图7-50　输入文字并设置其"类"　　　图7-51　绘制AP Div元素，将所有对象都包含在其中

(17) 在AP Div元素中添加如图7-52所示的背景图像。

(18) 在"属性"面板中将最外侧的AP Div元素的"Z轴"值由17修改为1，使当前AP Div元素置于最下方，如图7-53所示。

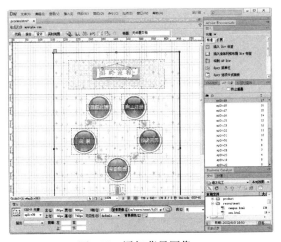 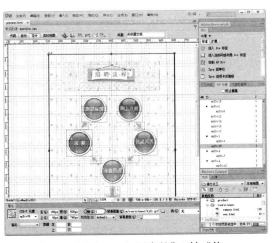

图7-52　添加背景图像　　　　　　　图7-53　更改AP Div元素的"Z轴"值

(19) 利用"属性"面板中的"Z轴"选项,将"跟踪反馈"所在的AP Div元素的"Z轴"值由1更改为2,如图7-54所示。设置后,该AP Div元素将位于背景图像的上方。

(20) 还可以在"AP元素"面板中更改AP Div元素的"Z轴"值,如图7-55所示。

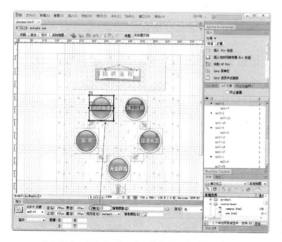 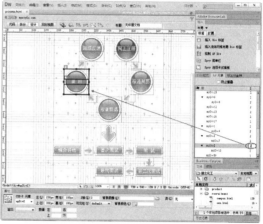

图7-54　更改AP Div元素的"Z轴"值　　图7-55　利用"AP元素"面板更改AP Div元素的"Z轴"值

(21) 用同样的方法,将除编号为39的apDiv元素外的其他AP Div元素的"Z轴"值都设置为大于1。

(22) 在页面"标题"文本框中输入"**招聘流程**招贤纳士**迪之化工**",如图7-56所示。

(23) 使用快捷键【Ctrl】+【S】保存当前文档,然后按下【F12】键在系统默认浏览器中即可预览制作完成的页面。

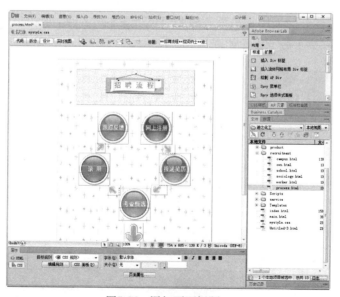

图7-56　添加页面标题

7.2 实例："新闻中心"页面（将AP Div元素转换为表格）

由于AP Div元素可以在页面中自由移动，使用AP Div布局网页显然比表格布局要灵活得多，因此在布局网页时，经常先用AP Div进行初步的网页布局，然后再根据实际需要将AP Div元素转换为表格来做进一步的处理。

本节以制作如图7-57所示的"新闻中心"页面为例，介绍先创建AP Div元素，再将其转换为表格进行页面布局的方法。制作效果请参考本书"配套素材\mysite\迪之化工有限公司\news\center.html"文件。

(1) 启动Dreamweaver CS6，在"文件"面板的"迪之化工"站点下的news文件夹中新建一个名为center.html的网页文件。双击"文件"面板中名为center.html的网页文件，在编辑区中打开该文件，如图7-58所示。

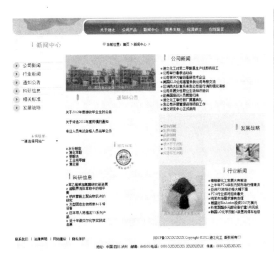

图7-57 "新闻中心"页面制作效果　　图7-58 新建并打开center.html网页文件

(2) 选择【窗口】|【AP元素】命令，打开"AP元素"面板，选中其中的"防止重叠"复选框，如图7-59所示。选中后，所绘制的AP Div元素将不会出现重叠区域，从而方便转换为表格。

(3) 在"插入"面板中选择"布局"类别，将【绘制AP Div】按钮拖动到页面的插入点的位置处释放鼠标，创建一个默认大小的AP Div元素，再利用"属性"面板设置其大小，如图7-60所示。

(4) 在"插入"面板中选择"布局"类别，单击【绘制AP Div】按钮，然后手工绘制如图7-61所示的一系列用于布局页面的AP Div元素。

图7-59 选中"防止重叠"复选框

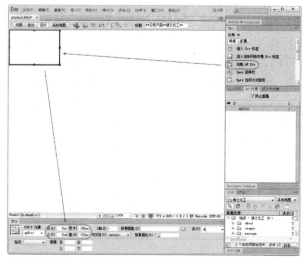
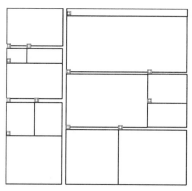

图7-60　创建AP Div元素并设置其大小　　　　图7-61　绘制一系列AP Div元素

> **技巧：** 在绘制AP Div元素时，为方便布局，建议先创建一些辅助线，如图7-62所示。

(5) 从菜单栏中选择【修改】|【转换】|【将AP Div转换为表格】命令，打开"将AP Div转换为表格"对话框，在其中设置如图7-63所示的参数。

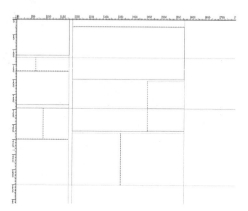
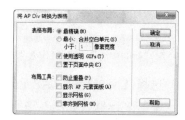

图7-62　用辅助线定位AP Div元素　　　　图7-63　"将AP Div转换为表格"对话框

(6) 单击【确定】按钮，将页面中的所有AP Div元素转换为一个不规则的表格，效果如图7-64所示。

(7) 将光标定位到表格的第1个单元格中，按下【Shift】+【F5】键打开"标签编辑器"对话框，在其中设置单元格的背景图像，如图7-65所示。

(8) 从菜单栏中选择【插入】|【表格】命令，在当前单元格中插入一个2行1列、宽度为100%的嵌套表格，然后利用"属性"面板设置表格的高度和背景颜色，如图7-66所示。

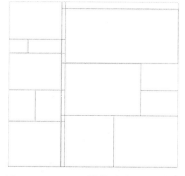

图7-64　AP Div转换为表格的效果

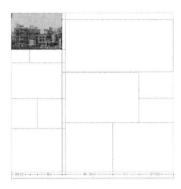

图7-65 在单元格中设置背景图像

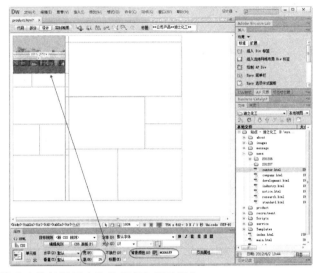

图7-66 插入嵌套表格并设置表格的高度和背景颜色

(9) 单击"CSS样式"面板中的【附加样式表】按钮，将名为mystyle.css 的外部样式表链接到当前页面中，然后单击"CSS样式"面板中的【新建CSS规则】按钮。在出现的"新建CSS规则"对话框中将选择器命名为opacity_50，从"选择定义规则的位置"列表中选择已经保存的名为mystyle的样式表，然后单击【确定】按钮并设置.opacity_50的CSS规则的滤镜参数，如图7-67所示。

图7-67 创建CSS规则并设置其滤镜参数

> 提示：滤镜参数Alpha(Opacity=50)是利用"Alpha"属性把目标元素与背景混合，其中"Opacity=50"表示将不透明度设置为50%。

(10) 将添加了背景颜色的单元格的"类"设置为.opacity_50。

(11) 在单元格中输入文字"戊二酸装置安全运行突破1000天"并设置其目标规则和对齐方式，如图7-68所示。

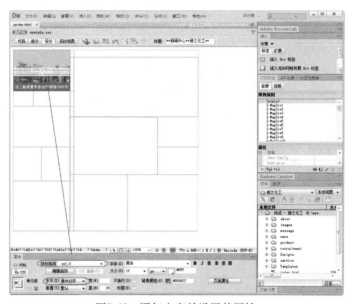

图7-68　添加文字并设置其属性

(12) 保存文档，然后按下【F12】键预览页面。可以看到，单元格的背景颜色呈半透明状态，如图7-69所示。

(13) 在如图7-70所示的单元格中分别插入图标和输入文字，并对其应用已经创建的CSS样式。

图7-69　预览效果　　　　　　图7-70　添加图标和文字

(14) 将光标定位到下一个单元格中，将单元格背景颜色设置为#FFFFCC。再单击【拆分】按钮切换到"拆分"视图，如图7-71所示。

(15) 将单元格的CSS样式设置为.zw1，如图7-72所示。

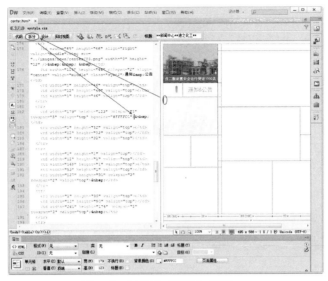

图7-71 切换到"拆分"视图

(16) 确认当前光标在"代码"窗格中位于代码"class="zw1">"之后,按下【Enter】键换行,然后添加如图7-73所示的代码。

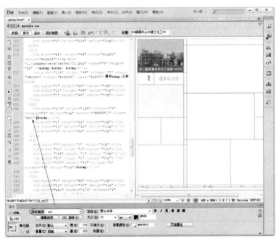

图7-72 设置CSS样式

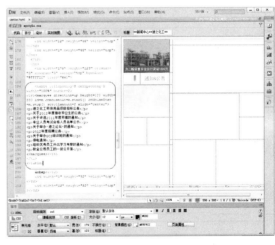

图7-73 添加代码

提示:具体代码如下:
<table cellspacing=0 cellpadding=1 width="100%" border=0>
<tr><marquee direction=up height=120 width=330 id=m onmouseout=m.start() onMouseOver=m.stop() scrollamount=2 align="center">
<p>迪之化工劳保用品项目招标公告</p>
<p>关于2012年度接收毕业生的公告</p>
<p>关于评选2011年度劳模的通知</p>
<p>专业人员考试合格人员名单公示</p>
<p>关于举办"迪之论坛"的通知</p>
<p>2012年度招聘公告</p>
<p>关于举办DCS培训班的通知</p>

```
<p>停电通知</p>
<p>组织优秀员工外出学习考察的通知</p>
<p>致全公司员工的一封公开信</p>
</marquee></th>
</tr>
</table>
```

(17) 保存文档，按下【F12】键预览页面。可以看到，其中的文字内容会自动从下至上滚动显示，如图7-74所示。

(18) 在布局表格的其他单元格中添加相应的图像和文字内容，效果如图7-75所示。

图7-74　预览滚动文字　　　　　　　　图7-75　添加其他内容

(19) 从菜单栏中选择【修改】|【模板】|【应用模板到页】命令，出现如图7-76所示的"选择模板"对话框，在其中选择名为news的模板。

(20) 单击【确定】按钮，即可为当前页面套用模板，效果如图7-77所示。

图7-76　"选择模板"对话框　　　　　　图7-77　模板套用效果

(21) 保存文档，按下【F12】键预览页面，效果如图7-78所示。

(22) 单击"文档"窗口标签栏下方的名为mystyle.css的外部样式表文件，在出现的CSS代码窗格中添加如图7-79所示的代码。这些代码用于设置链接文字的颜色。

图7-78 套用模板后的预览效果　　　　图7-79 添加CSS代码

提示： 所添加的代码分别用于将链接颜色设置为青色、橙色和蓝色，具体代码如下：
a.a_cyan:link {color: #0CF;}
a.a_cyan:visited {color: #0CF;}
a.a_cyan:active {color: #0CF;}

a.a_orange:link {color: #F60;}
a.a_orange:visited {color: #F60;}
a.a_orange:active {color: #F60;}

a.a_bule:link {color: #00F;}
a.a_bule:visited {color: #00F;}
a.a_bule:active {color: #00F;}

(23) 为文档中的对象设置链接，并利用CSS样式设置链接内容的颜色。比如，将文字"通知&公告"的链接设置为notice.html，将其链接样式设置为.a_cyan，如图7-80所示。

图7-80 设置链接并应用CSS样式

(24）用同样的方法设置其他文字和图像对象的链接并应用相应的CSS样式。

(25）使用快捷键【Ctrl】+【S】保存当前文档，然后按下【F12】键在系统默认浏览器中即可预览制作完成的页面。

7.3 实例："客户服务"页面（框架及其应用）

框架在本质上是浏览器窗口中的一个区域，该区域可以在浏览器窗口中显示独立的HTML文档。框架集定义了一组框架的布局和属性，包括框架的数目、框架的大小、位置，以及在每个框架中初始显示页面的 URL。框架集文件本身不包含要在浏览器中显示的HTML内容，只是向浏览器提供如何显示一组框架，以及在这些框架中应显示哪些文档的有关信息。在 Dreamweaver 中，既可以从系统预设的框架集模型中选择一种框架集，也可以自行创建框架集。

本节以制作如图7-81所示的"客户服务"页面为例，介绍框架、框架集及其应用方法。制作效果请参考本书"配套素材\mysite\迪之化工有限公司\service\service.html"文件，单击其中的【技术服务】、【客户培训】、【原料支持】或【销售信息】按钮，将会在当前页面中显示相应的信息。

图7-81 "客户服务"页面

1. 创建页面

(1）框架页中包含了多个HTML文档，要制作框架页面，需要先创建好这些文档。启动Dreamweaver CS6，在"文件"面板的"迪之化工"站点下的service文件夹中新建一个名为technology_1.html的网页文档并将其打开。

(2）在technology_1.html网页文档中插入一个3行1列、宽度为550像素的表格，如图7-82所示。

(3）在表格中制作如图7-83所示的文档，并对其应用CSS样式。

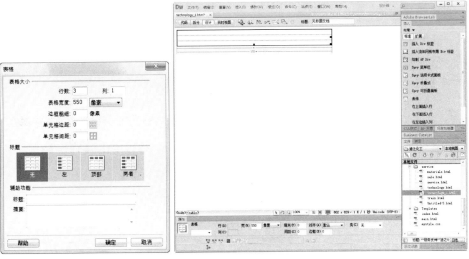

图7-82 插入表格

图7-83 "技术服务"文档

(4) 用同样的方法制作"客户培训"、"原料支持"和"销售信息"文档,效果如图7-84所示,它们对应的文件名分别为train_1.html、materials_1.html和sale_1.html。

(a)"客户培训"文档　　　　　　　　　(b)"原料支持"文档

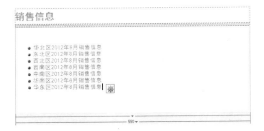

(c)"销售信息"文档

图7-84 制作其他文档

2. 创建框架

（1）新建一个名为service_1.html的页面文档，从菜单栏中选择【插入】|【HTML】|【框架】|【对齐上缘】命令，出现如图7-85所示的"框架标签辅助功能属性"对话框。

图7-85 "框架标签辅助功能属性"对话框

（2）从"框架"下拉列表中选择"topFrame"选项，然后单击【确定】按钮，创建一个框架页面，如图7-86所示。

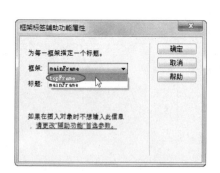
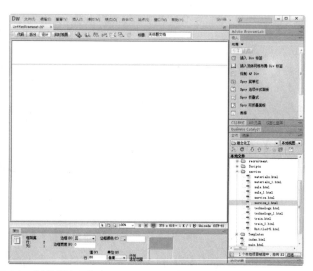

图7-86 创建框架页面

（3）在页面窗口中拖动框架边界，可以调整框架的高度，如图7-87所示。

（4）将插入点置于上框架内，在其中插入4个事先准备好图像对象，如图7-88所示。

图7-87 调整框架的高度　　　　　　图7-88 插入图像对象

（5）单击"CSS样式面板"中的【附加样式表】按钮，将名为mystyle.css的外部样式表链接到当前页面中，然后创建一个名为.dh的CSS规则，并将其应用到上框架中，再单击【居中对齐】按钮使图像对象在框架中居中对齐，如图7-89所示。

第7课 图层和框架 07

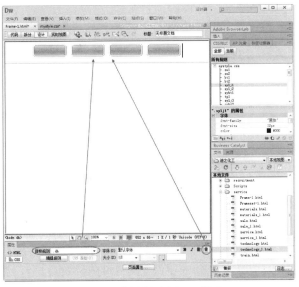

图7-89 创建并应用CSS样式

(6) 从菜单栏中选择【文件】|【保存全部】命令，出现第1个框架的"另存为"对话框，将其以Frameset-1.html为名保存到service目录下，如图7-90所示。

(7) 保存Frameset-1.html后，又将出现第2个框架的"另存为"对话框，将其以Frame-1.html为名保存到service目录下，如图7-91所示。

图7-90 第1个框架的保存参数　　　　图7-91 第2个框架的保存参数

3．编辑和设置框架

(1) 要选择框架，应从菜单栏中选择【窗口】|【框架】命令，出现"框架"面板。只需单击"框架"面板中的某个框架区域，"文档"窗口中对应的框架便被选择了，如图7-92所示。

(2) 在"框架"面板中单击框架集的边框，便可在框架集周围显示一个选择轮廓，表明框架集已被选中，如图7-93所示。

(3) 选择要删除的框架后，将边框拖到上一级框架的边框上，再释放鼠标左键，选定的框架便被删除了。如果被删除的框架中的文档有未保存的内容，则会将提示保存该文档。

193

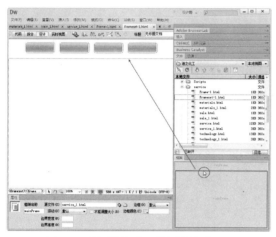
图7-92 用"框架"面板选择框架

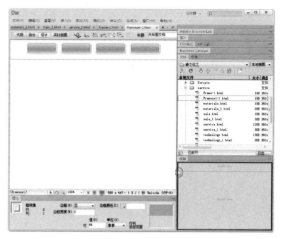
图7-93 选择框架集

（4）要调整框架的大小，应先选中要调整大小的框架的边框，然后将边框线上下（或左右）拖动，即可改变框架大小。

（5）使用"属性"面板可以查看和设置大多数框架或框架集的属性。选定框架集后，将出现框架集的"属性"面板，如图7-94所示。

图7-94 框架集的"属性"面板

提示： 其中主要的选项如下。

- 边框：用于确定在浏览器中查看文档时在框架周围是否显示边框。要显示边框，则选择"是"选项；要使浏览器不显示边框，则选择"否"选项；要允许浏览器自己确定如何显示边框，则选择"默认"选项。
- 边框宽度：用于指定框架集中所有边框的宽度。
- 边框颜色：用于设置边框的颜色。可以单击色样，在颜色选择器中选择颜色，也可以输入颜色的十六进制值。
- 行列选定范围：在"值"文本框中输入高度或宽度值来设置选定框架集的行和列的大小。
- "单位"下拉列表：用于指定浏览器分配给每个框架的空间大小，可以从"单位"列表中选择"像素"、"百分比"、"相对"3个选项之一。

（6）在"设计"视图中选定某个框架后，将出现如图7-95所示的框架"属性"面板。

图7-95 框架"属性"面板

第7课 图层和框架

提示：其中，主要的选项如下。

- 框架名称：链接的target属性或脚本在引用该框架时所用的名称。框架名称必须是单个单词；允许使用下划线"_"，但不允许使用连字符"-"、句点"."和空格。框架名称必须以字母起始（不能以数字起始），并且区分大小写。
- 源文件：用于指定在框架中显示的源文档。单击文件夹图标，可以浏览和选择文件。
- 滚动：用于指定在框架中是否显示滚动条。将此选项设置为"默认"将不设置相应属性的值，使浏览器使用其默认值。大多数浏览器默认为"自动"，这意味着只有在浏览器窗口中没有足够空间来显示当前框架的完整内容时才显示滚动条。
- 不能调整大小：使访问者无法通过拖动框架边框在浏览器中调整框架大小。
- 边框：在浏览器中查看框架时显示或隐藏当前框架的边框。为框架选择"边框"选项将重写框架集的边框设置。"边框"选项为"是"（显示边框）、"否"（隐藏边框）和"默认"。
- 边框颜色：用于给所有框架的边框设置边框颜色。
- 边界宽度：以像素为单位设置左边距和右边距的宽度。
- 边界高度：以像素为单位设置上边距和下边距的高度。

4．创建链接

(1) 框架的链接设置是制作框架页的关键。在Frame-1.html页面中选中名为"技术服务"的图像，在"属性"面板中将其链接设置为technology_1.html，再将其"目标"设置为mainFrame，如图7-96所示。设置后，单击【技术服务】按钮时，将会在mainFrame（主框架）中打开名为technology_1.html的页面文档。

(2) 用同样的方法设置另外3个按钮的链接参数，如图7-97所示为"客户服务"图像的链接参数设置。

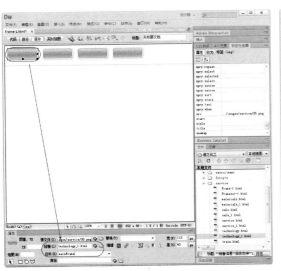 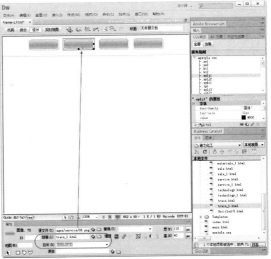

图7-96 设置"技术服务"图像的链接参数　　图7-97 设置"客户服务"图像的链接参数

(3) 链接设置完成后，保存全部文档。按下【F12】键预览页面，单击其中的【技术服务】按钮，便会自动在其下方显示"技术服务"文档的内容，效果如图7-98所示。

图7-98　预览效果

5．用模板美化文档

（1）从菜单栏中选择【文件】|【新建】命令，打开"新建文档"对话框。选择"模板中的页"类别，从"站点"列表中选择名为"迪之化工"的站点，然后从可用的模板列表中，选择名为service.dwt的模板文件，单击【创建】按钮创建一个基于模板的文档，如图7-99所示。

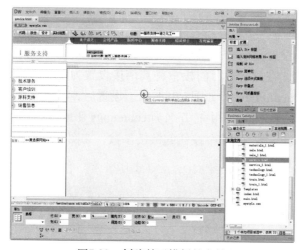

图7-99　创建基于模板的文档

（2）选中可编辑区中的表格对象，按下【Delete】键将其删除，效果如图7-100所示。

图7-100　表格删除效果

(3) 从菜单栏中选择【插入】|【HTML】|【框架】|【IFRAME】命令，在可编辑区中创建一个HTML框架；创建后，将自动进入"拆分"视图，如图7-101所示。

(4) 单击【设计】按钮进入"设计"视图，然后按下【F9】键激活"标签检查器"面板，将HTML框架的宽度设置为580像素，如图7-102所示。

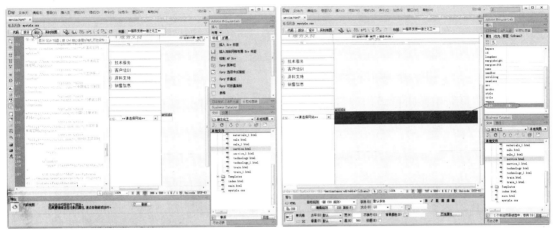

图7-101　创建HTML框架　　　　　　　　图7-102　设置HTML框架的宽度

(5) 再将HTML框架的高度设置为550像素，如图7-103所示。

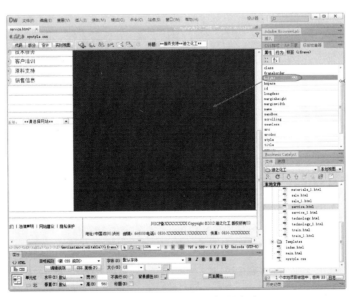

图7-103　设置HTML框架的高度

(6) 在"标签检查器"面板中选中"src"选项，单击其右侧的【浏览】按钮，在出现的"选择文件"对话框中选择名为Frameset-1.html框架文件，如图7-104所示。该文件将作为HTML框架的链接对象。

(7) 保存文档，按下【F12】键预览页面，链接设置效果如图7-105所示。

图7-104　选择框架文件　　　　　　　图7-105　HTML框架的链接设置效果

（8）在页面中单击已经创建好链接的对象，即可在指定的框架中显示出相应的页面内容，预览效果如图7-106所示。

图7-106　预览效果

课后练习

1．利用AP Div元素，在你的网站中制作一个名为"网站导览"的页面，用图标的方式介绍网站的主要栏目和链接关系。

2．利用AP Div元素对你的网站中较为复杂的页面进行布局，然后将其转换为表格，制作出相应的页面。

3．利用框架功能，在你的网站中制作一个页面，其左窗格为"目录"，右窗格为单击目录中的选项后出现的具体的内容。

第8课 多媒体对象处理

本课知识结构

多媒体技术采用贴近人类习惯的信息交流方式，可以拓展网页的信息空间。与传统的图文Web页相比，在网页中适当添加声音、动画、视频等生动活泼的多媒体元素将极大地丰富和增强页面的表现力。在Dreamweaver文档中，可以在任意位置插入事先准备好的Flash SWF文件（或对象）、QuickTime或Shockwave影片、Java applet、ActiveX控件以及其他音频和视频对象。本课将结合实例介绍在Dreamweaver页面文档中添加各种多媒体元素的方法和技巧，知识结构如下：

就业达标要求

☆ 了解多媒体元素的基础知识
☆ 熟练掌握Flash元素的添加和设置方法
☆ 掌握FLV视频元素的添加和设置方法
☆ 掌握音频元素的添加和设置方法
☆ 掌握Shockwave视频的添加和设置方法
☆ 了解插件内容和其他多媒体对象的添加方法

网页多媒体对象处理
- 添加 Flash 动画
- Flash 动画的属性设置
- 添加和设置 FLV 视频
- 在页面中添加音频

其他多媒体元素的处理
- 嵌入和设置 Shockwave 影片
- 链接 Shockwave 影片
- 添加其他媒体元素

8.1 实例：形象页（添加Flash动画）

Flash是Adobe公司推出的一种交互式矢量图和Web动画的标准。使用Flash可以创作包含动画、视频、图片、声音等多种媒体元素的Flash影片。Flash影片的文件容量很小，非常适合用于Internet传输。在Dreamweaver页面文档中可以直接插入swf格式的Flash影片。

本节以制作如图8-1所示的"迪之化工"网站的"形象页"为例，介绍添加和设置Flash动画的方法。制作效果请参考本书"配套素材\mysite\迪之化工有限公司\main.html"文件。

图8-1 "形象页"的预览效果

(1) 启动Dreamweaver CS6，在"文件"面板的"迪之化工"站点根目录下新建一个名为main.html的网页文档，然后在编辑区中打开该文档。

(2) 从菜单栏中选择【插入】|【表格】命令，插入1个2行1列、宽度为800像素的表格，并将表格的对齐方式设置为"居中对齐"，如图8-2所示。

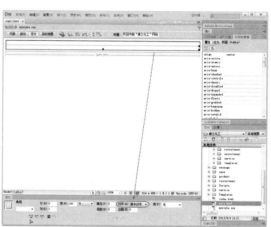

图8-2 插入表格并设置对齐方式

(3) 将光标置于表格第1行中，将单元格的水平对齐方式设置为"居中"，单元格高度设置为10像素，如图8-3所示。

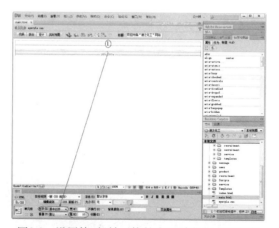

图8-3 设置第1行单元格的水平对齐方式和高度

第8课 多媒体对象处理

(4) 再将光标置于表格第2行中，将其水平对齐方式设置为"居中"，如图8-4所示。

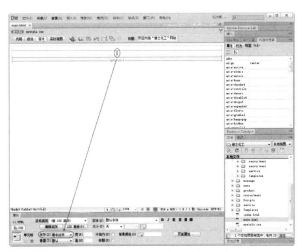

图8-4 设置第2行单元格的水平对齐方式

(5) 在"插入"面板中，单击"常用"类别中的【媒体】按钮 右侧的下拉箭头，从出现的下拉菜单中选择【SWF】选项，在出现的"选择对象"对话框中，选择要插入的Flash影片，如图8-5所示。

(6) 单击【确定】按钮，出现如图8-6所示的"对象标签辅助功能属性"对话框。

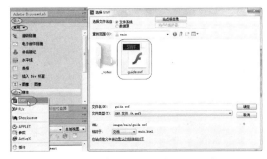

图8-5 选择要插入的Flash影片

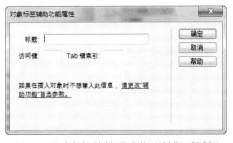

图8-6 "对象标签辅助功能属性"对话框

提示： "对象标签辅助功能属性"对话框中提供了以下辅助功能属性参数。
- 标题：用于输入媒体对象的标题。
- 访问键：可输入等效的键盘键（一个字母）。输入后，访问者可以使用【Ctrl】键和访问键来快速访问对象。
- Tab键索引：可输入一个数字来指定表单对象的Tab键顺序。

(7) 直接单击"对象标签辅助功能属性"对话框中的【取消】按钮，即可在"文档"窗口中出现一个Flash占位符，如图8-7所示。

(8) 要在Dreamweaver中预览Flash影片，可在"文档"窗口中先选定Flash占位符，然后在"属性"面板中单击【播放】按钮 即可，如图8-8所示。要停止播放，只需单击【停止】按钮。

图8-7　插入的Flash占位符

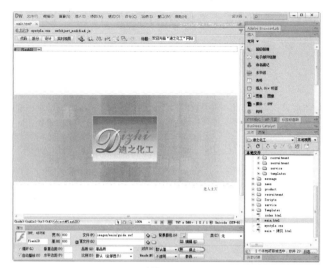
图8-8　预览Flash影片

(9) 要在浏览器中预览Flash影片，可以先保存文档，然后按下【F12】键即可，效果如图8-9所示。

(10) 在使用Flash制作Flash影片时，已经为"进入主页"几个字设置了链接，单击该链接，即可进入"迪之化工"的主页页面，如图8-10所示。

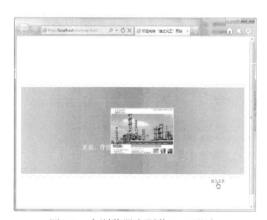
图8-9　在浏览器中预览Flash影片

图8-10　通过Flash影片中的链接跳转页面

8.2　实例：完善首页和二级页面模板（设置影片属性）

添加到页面中的Flash影片具有多种属性，可以使用"属性"面板对Flash影片的参数进行设置。

本节以完善首页和二级页面模板为例，介绍设置Flash影片属性的方法。制作效果请参考本书"配套素材\mysite\迪之化工有限公司\"下各个文件夹中的文档。完善首页和二级页面模板后，在浏览器中浏览页面时，会自动在网页banner图像的上方重叠一个动画效果，如图8-11所示。

第8课　多媒体对象处理

图8-11　添加Flash影片后的两个页面

1. 为首页页面添加Flash影片

(1) 启动Dreamweaver CS6，在"文件"面板中双击"迪之化工"站点下名为index.html的网页文档将其打开，然后将光标定位到banner图像的第1个单元格中，如图8-12所示。

(2) 在"插入"面板中单击"常用"类别中的【媒体】按钮 右侧的下拉箭头，从出现的下拉列表中选择【SWF】选项 ，在出现的"选择SWF"对话框中，选择要插入的Flash文件，如图8-13所示。

图8-12　打开要添加Flash影片的页面

图8-13　选择要插入的Flash文件

(3) 单击【确定】按钮，出现"对象标签辅助功能属性"对话框，直接单击【取消】按钮，即可在"文档"窗口中插入一个Flash占位符，效果如图8-14所示。

(4) 选中"文档"窗口中的Flash占位符，将在"属性"面板中出现如图8-15所示的属性选项，可以根据需要设置其中的参数。

图8-14　Flash影片插入效果

图8-15　Flash占位符的"属性"面板

（5）"属性"面板中最左侧的"FlashID"框用于指定标识影片的名称，该名称主要用于进行脚本编写。

（6）使用"宽"和"高"选项，可指定影片的宽度和高度，其单位是像素，本例的设置情况如图8-16所示。

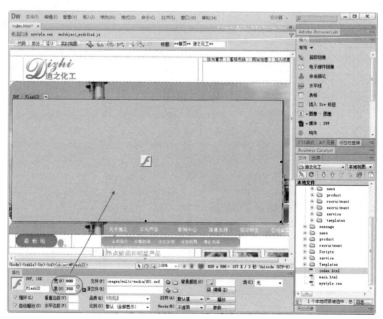
图8-16　设置Flash影片的宽度和高度

提示：要使Flash影片在单元格中居中对齐，可取消对Flash占位符的选择，但将光标停留在Flash占位符所在单元格中，然后利用"属性"面板中的"水平"对齐选项进行设置，如图8-17所示。

第8课 多媒体对象处理 08

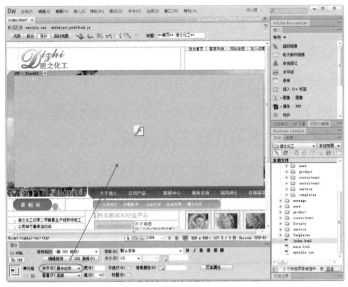

图8-17 设置Flash占位符在单元格中的对齐方式

（7）使用Flash占位符"属性"面板中的"文件"选项，可以指定Flash影片文件的源路径，单击其后的【文件夹】图标，可以在弹出的"选择Flash文件"对话框中浏览需要插入到页面中的Flash影片的文件，也可以直接输入路径。

（8）如果在站点目录中保存有Flash影片的源文件，只需单击【编辑】按钮就可以启动Flash创作工具来编辑与Flash影片对应的FLA文件。

（9）单击【重设大小】按钮 ，可以使当前选定的影片恢复初始大小。

（10）选中"循环"复选框，可以在画面中连续播放影片。如果没有选中该选项，影片在播放一次后即停止。

（11）选中"自动播放"复选框，在加载网页时会自动播放影片。

（12）使用"垂直边距"和"水平边距"选项，可以指定影片上、下、左、右的空白像素数。

（13）使用"品质"选项，可以设置影片播放时的抗失真响度。品质越高，观看效果越好，但要求计算机CPU的速度更快。其下拉菜单中提供了"低品质"、"高品质"、"自动低品质"、"自动高品质"等选项，如图8-18所示。

图8-18 "品质"选项

（14）如图8-19所示的"比例"选项用于确定影片适合在"宽度"和"高度"中所设置的尺寸的方式。其默认设置为"全部显示（显示整个影片）"；如果选择"无边框"选项，会使影片适合设定的尺寸，而不显示任何边框并保持原始的长宽比；选择"严格匹配"选项，可以对影片进行缩放以适合设定的尺寸。

205

图8-19 "比例"选项

(15) 使用如图8-20所示的"对齐"选项，可以设置影片在页面上的对齐方式，本例选择"绝对居中"。

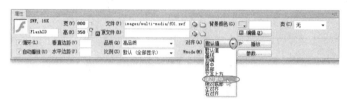

图8-20 "对齐"选项

(16) 使用"Wmode"选项，可以为SWF文件设置Wmode参数。Wmode参数的默认值是"不透明"，会使浏览器中DHTML元素显示在SWF文件的上方。Wmode参数为默认值时的动画预览效果如图8-21所示。

图8-21 Wmode参数为默认值时的动画预览效果

(17) 如果将Wmode参数设置为"透明"，则DHTML元素会出现在SWF文件的下方；如果设置为"窗口"，可从代码中删除Wmode参数并允许SWF文件显示在其他DHTML元素的上面。"Wmode"选项如图8-22所示。

图8-22 "Wmode"选项

(18) 本例将Wmode参数设置为"透明"。设置后保存文档，按下【F12】键预览页面，可以看到Flash影片的背景颜色变得透明起来，效果如图8-23所示。

第8课 多媒体对象处理

(19) 单击【参数】按钮,将出现如图8-24所示的"参数"对话框,可在其中输入传递给影片的附加参数。

图8-23 设置Flash影片"透明"后的预览效果　　图8-24 "参数"对话框

(20) 使用"背景颜色"选项,可以添加Flash影片区域的背景颜色;单击【播放】按钮,可以在Dreamweaver编辑环境中预览Flash影片。

(21) 使用"类"选项,可以为影片选择并应用CSS类。

2. 为二级页面模板添加Flash影片

(1) 在"文件"面板中双击Templates文件夹中名为about.dwt的文档将其打开。在banner图像的第1个单元格中插入名为f02.swf的Flash影片,然后在"属性"面板中设置其大小、透明模式、对齐方式等参数,如图8-25所示。

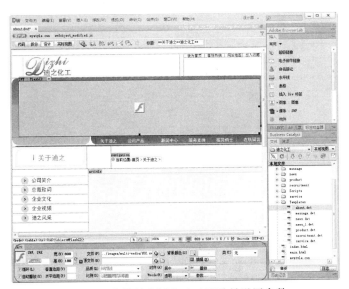

图8-25 在模板中插入Flash影片并设置参数

(2) 按下【Ctrl】+【S】键保存模板文档,出现"更新模板文件"对话框,单击【更新】按钮,将出现"更新页面"对话框,显示更新状态,如图8-26所示。更新

207

后，所有基于名为about.dwt的模板创建的页面都将自动添加上与模板相同的Flash影片。

图8-26 更新基于模板的页面

(3) 用同样的方法，在news.dwt、product.dwt、secruitment.dwt和service.dwt等模板文档中添加上不同的Flash影片并对其进行设置，然后更新基于这些模板创建的页面。

(4) 按下【F12】键在系统默认浏览器中预览制作完成的不同页面，这些页面上都会出现相应的Flash动画，如图8-27所示。

图8-27 预览效果

8.3 实例："企业视频"页面（FLV视频）

FLV文件是一种经过特殊编码的音频和视频文件。这种视频文件可以使用Flash Player来传送和播放。其他格式的视频文件（如MPG、WMV等）可以使用编码器Adobe Media Encoder等工具将其编码为FLV文件。利用Flash CS6等Flash创作工具，可以将Flash影片导出为经过编码的Flash视频（FLV）文件。这种视频文件可以在Dreamweaver中将其插入Web页面中。插入时，Dreamweaver将自动插入一个Flash视频组件，在浏览器中查看该组件时，将同时显示出Flash视频内容和一组播放控件。

本节以制作如图8-28所示的"企业视频"页面为例，介绍FLV视频的插入和设置方法。制作效果请参考本书"配套素材\mysite\迪之化工有限公司\about\ video.html"文件。

第8课 多媒体对象处理

图8-28 企业视频"页面制作效果

(1) 启动Dreamweaver CS6，从菜单栏中选择【文件】|【新建】命令，打开"新建文档"对话框。选择"模板中的页"类别，从"站点"列表中选择名为"迪之化工"的站点，然后从可用的模板列表中，选择名为about.dwt的模板文件，单击【创建】按钮创建一个基于模板的文档。

(2) 在可编辑区中添加"当前位置"信息和"企业视频"栏目，如图8-29所示。

图8-29 添加页面信息

(3) 将光标定位到可编辑区的表格第2行中，使用【插入】|【表格】命令，插入一个5行1列、宽度为100%的表格，如图8-30所示。

图8-30 插入表格

(4) 将光标定位到嵌套表格的第1行中，利用"属性"面板将其水平对齐方式设置为

"居中对齐",将其垂直对齐方式设置为"居中",如图8-31所示。

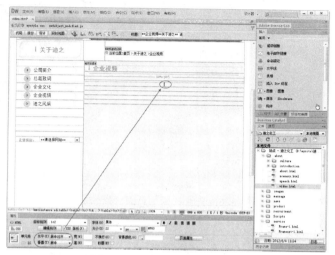

图8-31 设置单元格对齐方式

(5) 确认插入点位于嵌套表格的第1个单元格中,在"插入"面板中单击"常用"类别中的【媒体】按钮右侧的下拉箭头,从出现的下拉菜单中选择【FLV】选项,在打开的"插入FLV"对话框中,选择要插入的Flash文件,如图8-32所示。

图8-32 打开"插入FLV"对话框

(6) 从"视频类型"下拉菜单中选择"累进式下载视频",如图8-33所示。

提示:将FLV视频插入Web页面时,有两种方式供选择。选择"累进式下载视频"选项,会将FLV文件下载到本地硬盘后进行播放,并允许在下载完成之前就开始播放视频文件;若选择"流视频"选项,则对视频内容进行流式处理,并在一段可确保流畅播放的很短的缓冲时间后在网页上播放该内容。

(7) 单击"URL"框右侧的【浏览】按钮,找到并选定要插入的FLV格式的Flash视频文件,如图8-34所示。

(8) 单击【确定】按钮返回"插入FLV"对话框,在"URL"框中将出现视频文件的路径。

第8课 多媒体对象处理

图8-33 选择视频类型

图8-34 选定要插入的FLV格式的Flash视频文件

(9) 从"外观"下拉列表中选择一种视频组件的外观，本例选择名为"Halo Skin 3（最小宽度：280）"的预设外观样式，如图8-35所示。

(10) "宽度"和"高度"选项用于设置以像素为单位的FLV文件的大小。单击【检测大小】按钮，可以利用Dreamweaver确定FLV视频文件的准确大小，如图8-36所示。选中"限制高宽比"选项，将保持视频组件的宽度和高度之间的比例不变。

v　　　　图8-35 选择播放器外观

图8-36 检测FLV视频文件的准确大小

(11) 选中"自动播放"选项，将在Web页面打开时自动播放视频，如图8-37所示；选中"自动重新播放"选项，将指定播放控件在视频播放完之后返回起始位置。

(12) 设置完所有参数后单击【确定】按钮，即可在文档中插入一个以占位符形式显示的Flash视频对象，如图8-38所示。

图8-37 选中"自动播放"选项

图8-38 插入效果

(13) 选中FLV占位符，在"属性"面板中将其宽度设置为520像素，并选中"限制宽高比"复选框，如图8-39所示。

(14) 切换到"实时"模式，可以在实时视图中预览影片效果。
(15) 在嵌套表格的第2行中输入"迪之化工　走向辉煌"几个字，再在嵌套表格的第4行中输入"更多视频"几个字，如图8-40所示。

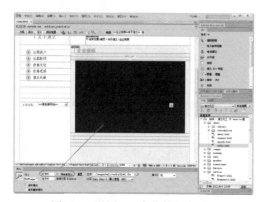
图8-39　设置FLV占位符的大小

图8-40　添加文字

(16) 将光标定位到嵌套表格的第5行中，选择【插入】｜【表格】命令，插入一个2行2列、间距为8像素、宽度为100%的表格，如图8-41所示。

图8-41　插入表格

(17) 在嵌套表格中的第1行的单元格中插入2个图像，在第2行中输入对应的文字，如图8-42所示。
(18) 在"文件"面板中将名为video.html的页面文档复制两个副本，然后分别命名为video_2.html和video_3.html，如图8-43所示。

图8-42　添加图像和文字

图8-43　复制并重命名页面文档

(19) 双击video_2.html文件,在"属性"面板的"文件"文本框中将FLV占位符的路径设置为"../images/multi-media/flv02.flv",以替换原来的FLV视频文件。

(20) 再修改页面中对应的文字和图像,如图8-44所示。

(21) 双击video_3.html文件,在"属性"面板的"文件"文本框中将FLV占位符的路径设置为"../images/multi-media/flv03.flv",以替换原来的FLV视频文件。

(22) 再修改页面中对应的文字和图像,如图8-45所示。

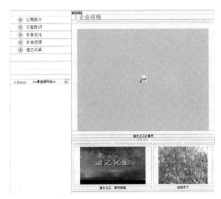
图8-44　修改video_2.html的文字和图像

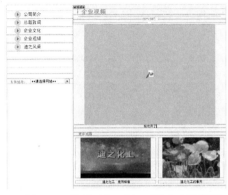
图8-45　修改video_3.html的文字和图像

(23) 分别设置video.html、video_2.html和video_3.html页面中图像和文字的链接。如图8-46所示为设置video.html页面中"迪之化的春天"图像的链接。

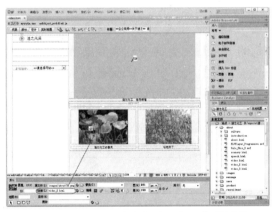
图8-46　设置"迪之化的春天"图像的链接

(24) 使用快捷键【Ctrl】+【S】保存当前文档,然后按下【F12】键在系统默认浏览器中即可预览制作完成的页面。

8.4　实例:为"关于迪之"模板添加音乐(音频处理)

声音是由物体振动产生的,在网页中适当添加声音,能很好地烘托页面的氛围。常见的.wav、.mp3、.midi、.aif、.ra等格式的声音文件都能添加到页面中。

本节将为已经制作完成的"关于迪之"模板添加音频对象,制作效果请参考本书"配套素材\mysite\迪之化工有限公司\about\"文件夹中的文件。

1. 在网页中嵌入音频

(1) 可将多种格式的音频文件嵌入到页面中。嵌入音频后的网页在具有所选声音文件的适当插件后，声音才可以播放。在本例中，先打开"迪之化工"站点的Templates文件夹中名为about.dwt的模板文件。然后将光标定位到如图8-47所示的位置。

(2) 按下【Tab】键3次，插入3个空行，如图8-48所示。

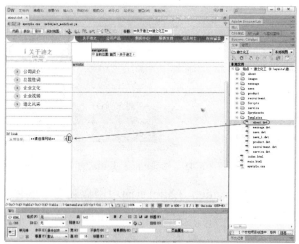

图8-47　定位光标　　　　　　　　　　图8-48　插入空行

(3) 在"插入"面板的"常用"类别中，单击【媒体】按钮，然后从出现的菜单中选择【插件】图标，或者从菜单栏中选择【插入】｜【媒体】｜【插件】命令，在出现的"选择文件"对话框中选择要嵌入的音频文件，如图8-49所示。

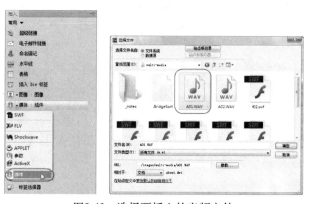

图8-49　选择要插入的音频文件

(4) 单击【确定】按钮，即可在文档中插入一个音频插件占位符，如图8-50所示。

(5) 选定音频插件占位符，在"属性"面板中设置插件占位符的高度和宽度，如图8-51所示。还可以根据需要设置其他选项，如果单击"链接"文本框右侧的【文件夹】图标，还可以修改要嵌入的音频文件。

图8-50 插入的音频插件占位符

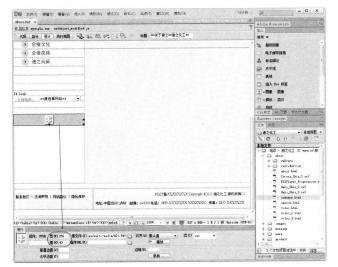

图8-51 调整音频插件占位符的高度和宽度

(6) 单击"属性"面板中的【参数】按钮,在出现的"参数"对话框中添加一个名为autostart的参数,并将其值设置为false,如图8-52所示。设置该参数后,所嵌入的音频插件不会自动播放,必须在浏览器中单击页面上的【播放】按钮才能播放。

图8-52 设置参数

(7) 按下【Ctrl】+【S】键保存页面,出现"更新模板文件"对话框;单击【更新】按钮,将出现"更新页面"对话框,显示更新状态,如图8-53所示。更新后,所有基于名为about.dwt的模板创建的页面都将自动添加上与模板相同的音频插件。

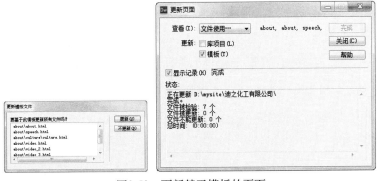

图8-53 更新基于模板的页面

(8) 在"文件"面板中双击about文件夹下的scenery.html文件,打开"迪之风采"页面,按下【F12】键在浏览器中预览效果,可以看到其中出现了一组音频播放器控件，如图8-54所示。利用这些控件，可以控制音频的播放。

图8-54 浏览页面时出现的音频播放器控件

2．在网页中添加背景音乐

（1）可以通过HTML代码在网页中添加指定的背景音乐。在HTML语言中，<BGSOUNG>标记用于在网页中嵌入音乐文件。激活about.dwt模板文档，单击【拆分】按钮，切换到"拆分"视图。

（2）在代码窗格中将插入点定位到</body>之前的位置，然后按下【Enter】键插入空行，如图8-55所示。

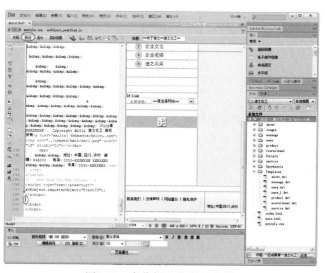

图8-55 定位插入代码的位置

（3）输入代码<embed src="/images/multi-media/A02.wav" autostart="true" starttime="00:10" loop="false" hidden="true">，然后按下【Enter】键换行。

提示： 在该行代码中，src="/images/multi-media/A02.wav"用于指定音频文件的位置；autostart="true"表示在打开网页后自动播放；starttime="00:10"表示音乐开始播放的时间为页面打开后的第10s；loop="false"表示单次播放（loop="true"表示循环播放）；hidden="true"表示在网页中隐藏音频控件和音频对象。

(4) 使用快捷键【Ctrl】+【S】保存当前文档，更新所有基于该模板的文档。

(5) 在"文件"面板中双击about文件夹下的scenery.html文件，打开"迪之风采"页面，按下【F12】键在浏览器中预览效果，打开页面10s后将会自动播放所指定的音乐。

> 提示：此外，还可以使用链接到音频文件的方法将声音添加到网页中。当访问者浏览网页时，可以根据需要选择是否要播放该音频文件。

8.5 实例："公司产品"页面（添加其他多媒体元素）

Shockwave是一种网上媒体交互压缩格式的标准，是一种流式播放技术，而不是一种文件格式，用该标准生成的压缩格式的文件可以在网络中快速下载。目前，主流浏览器都支持WMV、AVI、MPEG等格式的Shockwave影片。利用Shockwave，可以使Adobe Director中创建的媒体文件能够被大多数常用浏览器快速下载和播放。

本节以制作如图8-56所示的"公司产品"页面为例，介绍添加其他多媒体元素的方法。制作效果请参考本书"配套素材\mysite\迪之化工有限公司\product\product.html"文件。

1. 插入Shockwave影片

(1) 启动Dreamweaver CS6，从菜单栏中选择【文件】|【新建】命令，打开"新建文档"对话框。选择"模板中的页"类别，从"站点"列表中选择名为"迪之化工"的站点，然后从可用的模板列表中，选择名为product的模板文件，如图8-57所示。单击【创建】按钮创建一个基于模板的文档。

图8-56 "公司产品"页面　　　　　图8-57 选择模板

(2) 将光标定位到可编辑区中，然后从菜单栏中选择【插入】|【表格】命令，插入一个3行2列、宽度为100%、单元格间距为12像素的表格，如图8-58所示。

图8-58 插入表格

(3) 在表格的第1个单元格中插入一个2行1列、宽度为100%的嵌套表格,如图8-59所示。
(4) 将光标定位到嵌套表格的第1行中,利用"属性"栏上的水平对齐选项,使单元格内容居中,如图8-60所示。

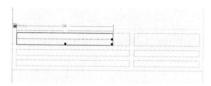 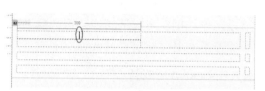

图8-59 插入嵌套表格　　　　　　　图8-60 设置单元格对齐方式

(5) 在"插入"面板的"常用"类别中,单击【媒体】按钮,然后从出现的菜单中选择【Shockwave】选项,或者选择【插入】|【媒体】|【Shockwave】命令,打开"选择文件"对话框,在其中选择要插入的视频文件,如图8-61所示。

 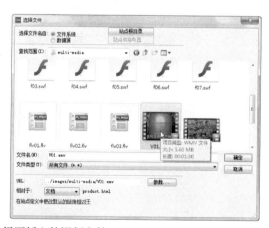

图8-61 选择要插入的视频文件

(6) 单击【确定】按钮,出现"对象标签辅助功能属性"对话框,直接单击【确定】按钮,即可嵌入一个Shockwave插件占位符,效果如图8-62所示。
(7) 要设置页面中Shockwave插件占位符的宽度和高度,可以在"属性"面板的"高"

和"宽"中进行设置，如图8-63所示。

图8-62 嵌入Shockwave插件占位符

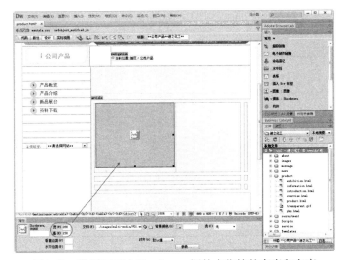

图8-63 设置页面中Shockwave插件占位符的宽度和高度

（8）要在浏览器中预览视频，可以先保存文件，然后按下【F12】键进行预览。如果当前系统中没有安装Shockwave插件，将出现如图8-64所示的安全警告信息。

（9）单击【安装】按钮，即可下载并安装Adobe Shockwave Player，如图8-65所示为其下载和安装过程的两个界面。

图8-64 安全警告信息

图8-65 Adobe Shockwave Player的下载和安装过程的两个界面

（10）安装完成后，即可在页面中显示出Shockwave视频的播放控件，可在其中播放嵌入的视频，效果如图8-66所示。

图8-66 页面预览效果

2. 链接视频剪辑

(1) 在页面的表格中添加上如图8-67所示的图像和文本内容。添加内容时，可根据需要插入一些嵌套表格。

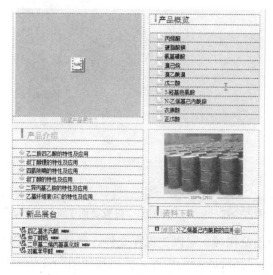

图8-67　添加图像和文本内容

(2) 在"文档"窗口中选定要设置视频链接的对象，本例选择文本"N-乙烯基己内酰胺的应用"，然后在"属性"面板的"链接"文本框中输入要链接到的视频文件路径和文件名，本例输入"../images/multi-media/V02.wmv"，如图8-68所示。设置后，便能在页面中将视频剪辑链接到指定对象上。设置链接后，只需在浏览器中单击链接对象，即可启动关联的视频播放器来播放视频。

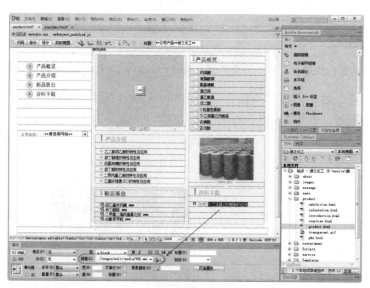

图8-68　链接视频剪辑

(3) 要在浏览器中预览视频，只需保存文件，然后按下【F12】键进行预览。在页面中，只需单击设置了视频链接的对象，将出现"文件下载"对话框，单击其中的【打开】按钮，即可下载视频文件，下载完成后将启动系统默认的播放器播放所下载的视频文件，如图8-69所示。

图8-69　播放链接视频文件

（4）根据需要，在页面中添加其他内容，效果如图8-70所示。

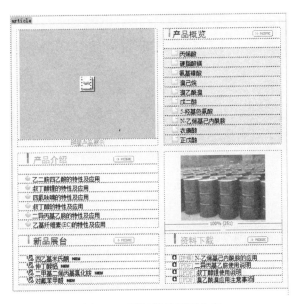

图8-70　添加其他页面内容

（5）使用快捷键【Ctrl】+【S】保存当前文件，完成"公司产品"页面的制作。

提示： 此外，还可以在页面中插入Netscape Navigator插件内容、插入Java Applet程序或插入ActiveX控件。其中，Applet（小应用程序）是一种采用Java创建的基于HTML的程序，它可以很灵活地嵌入网页中。网页应用Applet对象后，浏览器会将其暂时下载到硬盘上，然后在打开Web页时在本地运行。ActiveX控件是一种功能类似于浏览器插件的可复用组件，它主要运行于IE浏览器。Dreamweaver中的ActiveX对象可以为访问者浏览器中的ActiveX控件提供属性和参数。

课后练习

1．先用Flash制作一个形象页动画，然后将其插入到Dreamweaver文件中并进行必要的设置，由此制作一个网站形象页面。

2．在你的网站的已经制作好的页面中添加一些Flash影片，对页面进行美化。

3．在你的网站的首页页面中增加一个"视频展示"或"视频新闻"的栏目，然后在其中添加FLV视频元素。

4．为你的网站的首页页面添加一段背景音乐并进行设置。

5．在你的网站中添加上其他必要的多媒体元素，如Shockwave视频、Netscape Navigator插件、Java Applet程序和ActiveX控件等。

第9课 表单和行为

本课知识结构

"表单"是网页中最基本的交互式元素之一,在网页中合理加入表单对象,可以使网页具有信息收集和交流功能。"行为"是在网页中进行的一系列动作,本质上是一段事先编写好的JavaScript代码,只需直接在网页中添加行为,就能实现各种动态效果和简单的交互功能。本课将结合实例介绍表单和行为的基础知识及其在网页设计中的具体应用方法。知识结构如下:

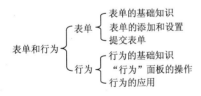

就业达标要求

☆ 了解表单的基础知识
☆ 熟练掌握创建和设置表单的方法
☆ 了解行为的基础知识
☆ 初步掌握在网页制作中使用行为的方法

9.1 实例：制作"在线简历"页面（创建和设置表单）

网页中的表单对象允许浏览者输入并提交数据信息，所提交的信息将被服务器中的特定程序进行及时的处理。表单是网页中最基本的交互式元素之一，在网页中合理加入表单对象，可以使网页具有信息收集和交流功能。使用Dreamweaver提供的表单功能，可以很方便地收集访问者的反馈信息，如采集用户名、E-mail地址、调查表等。网页中常见的文本域、密码域、单选按钮、复选框、弹出菜单等对象都属于表单对象。

本节以制作"迪之化工"网站的"在线简历"页面为例，介绍创建和设置表单的方法及技巧。制作效果请参考本书"配套素材\mysite\迪之化工有限公司\recruitment\ online_resume.html"文件。如图9-1所示为"在线简历"页面的部分内容。

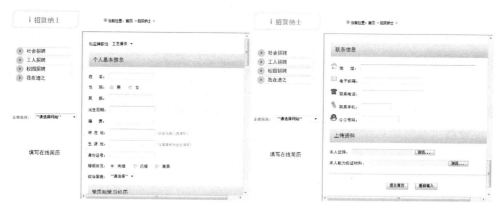

图9-1 "在线简历"页面的部分内容

1．创建表单

（1）启动Dreamweaver CS6，在"文件"面板的"迪之化工"站点下的recruitment文件夹中新建一个名为Resume.html的网页文件，然后将该文件在编辑区中打开。

（2）从菜单栏中选择【插入】|【表格】命令，创建一个2行1列、宽度为520像素、单元格边框为12像素的表格，参数设置和效果如图9-2所示。

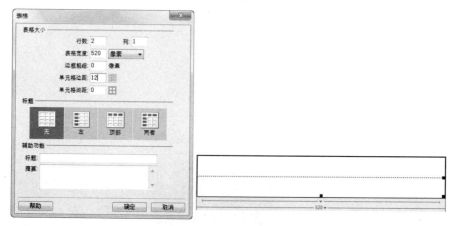

图9-2 创建表格

(3) 单击"CSS样式"面板中的【附加样式表】按钮，打开"链接外部样式表"对话框，单击【浏览】按钮，在出现的"选择样式表文件"对话框中找到已经创建的名为mystyle.css的外部样式表文件，单击【确定】按钮返回"链接外部样式表"对话框，单击【确定】按钮，即可在"CSS样式"面板中出现相应的样式文件名、在外部样式表文件中定义的样式类型。

(4) 单击"CSS样式"面板中的【新建CSS规则】按钮。在出现的"新建CSS规则"对话框中将选择器命名为.form_zw，从"选择定义规则的位置"列表中选择已经保存的名为mystyle.css的样式表，然后单击【确定】按钮并设置.form_zw的CSS规则的参数，如图9-3所示。

图9-3　创建名为.form_zw的CSS样式

(5) 将光标定位到表格第1行，将其"类"设置为form_zw，如图9-4所示。

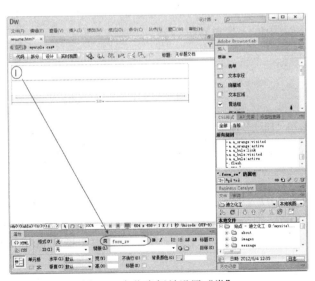

图9-4　定位光标并设置"类"

(6) 表单是表单标签与表单对象标签的结合。要创建表单，首先需要在网页文档中插入一个空白的表单，然后再在其中添加各种表单对象。先将光标定位在要插入表单的位置，然后从菜单栏中选择【插入】|【表单】|【表单】命令；或者选择"插入"面板上的"表单"类别，然后单击【表单】图标，即可在"编辑"窗口中

插入一个空白表单,Dreamweaver会用红色的虚线框表示表单,如图9-5所示。

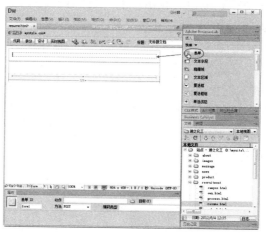

图9-5 插入空白表单

(7) 单击表单轮廓或将光标定位在虚线框内,都可以选定表单。选定后,可在编辑窗口下方的表单"属性"面板中设置表单的属性,如图9-6所示。

(8) 在"动作"文本框中可以输入动作的路径,也可以单击其右侧的 按钮,在出现的"选择文件"对话框中选择适当的页面或脚本文件。

(9) 单击"方法"选项右侧的下拉箭头 ,可以从如图9-7所示的下拉列表中选择"默认"、"GET"或"POST"方式,这些选项决定了将表单数据传输到服务器所使用的方法。"默认"选项是指用浏览器的默认设置来传递表单数据;"GET"选项是指用GET方法将值附加到请求该页的URL中;"POST"选项是指用POST方法在HTTP请求中嵌入表单数据。

图9-6 表单"属性"面板

图9-7 "方法"下拉列表

(10) 在如图9-8所示的"目标"下拉列表中,可指定一个窗口来显示被调用程序返回的数据。

(11) 在如图9-9所示的"编码类型"下拉列表中,可以指定对提交给服务器进行处理的数据使用编码类型。其中,application/x-www-form-urlencoded通常与POST方法一起使用;而如果要创建文件上传域,则需要指定multipart/form-data类型。

图9-8 "目标"下拉列表

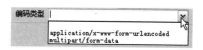

图9-9 "编码类型"下拉列表

2. 插入列表/菜单

(1) 确认光标在已经插入的表单对象内部,在"插入"面板的"表单"类别中单击【选

择（列表/菜单）】按钮，或从菜单栏中选择【插入】|【表单】|【选择（列表/菜单）】命令，打开"输入标签辅助功能属性"对话框，如图9-10所示。

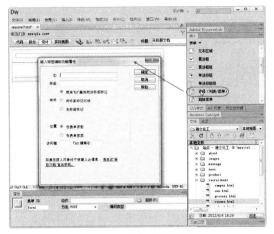

图9-10 插入列表/菜单

(2) 设置"标签"文本并设置好位置信息等参数，单击【确定】按钮，即可在当前光标处插入一个列表/菜单对象，图9-11所示。

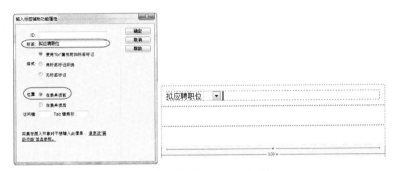

图9-11 插入列表/菜单对象

(3) 选中文档中已经插入的列表/菜单，将出现如图9-12所示的列表/菜单"属性"面板。利用其中的选项，可以设置具体的列表选项和其他属性。

图9-12 列表/菜单"属性"面板

(4) 单击【列表值】按钮，打开如图9-13右图所示的"列表值"对话框，可在其中向列表或菜单添加项目。列表中的每个项目都有一个"项目标签"（出现在列表中的文本）和一个"值"（选择项目时被发送给处理中的应用程序的值）。

图9-13 添加列表值

(5) 输入第1个"项目标签"，如图9-14所示。

(6) 单击【+】按钮，在列表中添加一个新的项目，然后输入第2个"项目标签"，如图9-15所示。项目的顺序和"初始列表值"对话框中的顺序相同。列表中的第1个项目是当页面在浏览器中加载时选择的项目。使用向上和向下箭头按钮重新排列列表中的项目。单击【−】按钮，可删除列表中不需要的项目。

 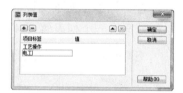

图9-14 输入第1个"项目标签"　　图9-15 输入第2个"项目标签"

(7) 用同样的方法添加其他"项目标签"，效果如图9-16所示。

(8) "项目标签"添加完成后，单击【确定】按钮，即可在"文档"窗口中看到创建效果，如图9-17所示。

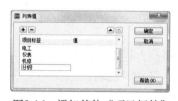 

图9-16 添加其他"项目标签"　　图9-17 添加"项目标签"后的列表/菜单

(9) 在"属性"面板的"选择"文本框中指定一个唯一的列表/菜单名称。如果不指定名称，Dreamweaver会提供默认的名称，如select1等。

(10) "类型"选项组用于指定是创建菜单还是滚动列表。选择"菜单"选项，将创建一个下拉菜单对象。选择"列表"选项，将创建一个能列出部分或全部选项，或允许选择多个菜单项的对象。在默认方式下，"选定范围"的"允许多选"复选框是关闭的。选择了"列表"类型后，可以用"选定范围"的"允许多选"复选框来指定是否可以从列表中选择多个项。本例选择"列表"选项。

(11) 选择列表类型时，可使用"高度"选项来设置菜单中项目显示的项数。如果不设置"高度"值，IE会同时显示4个项；当列表框中的选项超过其高度时，会显示一个列有项目的可滚动的列表。

(12) 从"初始化时选定"下拉列表中可以选择一个突出选项。本例,选取"工艺操作"选项,该选项将出现在列表框的行首,如图9-18所示。

图9-18 设置"初始化时选定"参数

3.插入文本域

(1) 将插入点定位到"列表/菜单"对象的后面,按下【Shift】+【Enter】键换行,如图9-19所示。

图9-19 定位插入点

(2) 从菜单栏中选择【插入】|【表格】命令,插入一个1行1列、宽度为100%、单元格边距为15的表格,如图9-20所示。

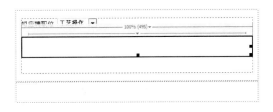

图9-20 插入表格

(3) 按下【Shift】+【F5】键,打开"标签编辑器"对话框,在其中的"浏览器特定的"类别中为单元格添加一幅背景图像,如图9-21所示。

(4) 输入如图9-22所示的文本内容,并设置其CSS样式。

图9-21 为单元格添加背景图像   图9-22 添加文本内容

(5) 将光标定位到表格对象的后面,按下【Shift】+【Enter】键换行,再在"插入"面板中的"表单"类别中单击【文本字段】按钮,将出现"输入标签辅助功能属性"对话框，在该对话框中可以设置表单对象辅助功能选项。在"标签"文本框中输入表单对象的名称，本例输入文字"姓　名："，如图9-23所示。其余参数使用默认值，设置完成后单击【确定】按钮，即可创建一个文本域对象。

提示：其他选项的含义如下。

- ID：用于给表单域指定ID值。所指定的ID值可用于从JavaScript中引用域。如果在"样式"选项组中选择了"使用'for'属性附加标签标记"选项，ID值还可以作为"for"属性的值。
- 样式：用于从系统提供的表单样式中选择一种合适的样式。
- 位置：为标签选择相对于表单对象的位置，可选择标签出现"在表单项后"或"在表单项前"。
- 访问键：该文本框用于输入等效的键盘键（一个字母），以便在浏览器中快速地选择表单对象。
- Tab键索引：在该文本框中可输入一个数字，以指定该表单对象的Tab键顺序。

（6）选中已插入的文本域对象，将出现如图9-24所示的"属性"选项。

图9-23　设置标签文字

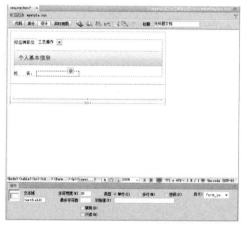
图9-24　文本域对象"属性"选项

提示：文本域对象"属性"面板的主要选项如下。

- 文本域："文本域"文本框用于指定文本域的名称。每个文本域只能有唯一的名称，以便在该表单内唯一地标识该文本域。名称中不能包含空格或特殊字符，可以使用字母、数字字符和下划线（_）的任意组合，如text01等。
- 字符宽度：文本域的尺寸是用显示的字符数量来计量的。在"字符宽度"框中可以输入文本域的长度。在默认状态下，系统会插入一个20个字符宽度的文本域，可以根据表单内容的长度来设置。
- 最多字符数：该数值框用于设置单行文本域中最多可输入的字符数量。如果不输入数值，在该文本框中可以输入任意数量的字符，文本会滚动显示；如果设置了最多字符数，当输入超过最多字符数的文字时，表单会发出警告声。本例将最多字符数设置为20个。

第9课　表单和行为

- 行数：当选择文本域的类型为"多行"时，将增加一个"行数"选项。可以在"行数"框中设置多行文本域的域高度。
- 类型：该选项用于指定文本域是单行、多行还是密码域。如果选择"密码"选项，在网页的密码文本域中输入信息时，输入内容显示为项目符号或星号。
- 初始值：该文本框用于输入默认的文本内容。在网页的文本域中输入具体内容时，可保留初始值，也可以将其修改为其他内容。
- 类：该选项用于将"CSS规则"应用于当前的文本域对象。

4．插入单选按钮

(1) 单选按钮用于提供一组单选项，浏览者只能从中选择一个选项。如果在选择了一个单选按钮之后，再选择另外的单选按钮，就会自动取消第一次的选择。先将光标定位到"姓名"文本域的后面，按下【Shift】+【Enter】键换行，再输入"性别"这两个字，如图9-25所示。

(2) 在"插入"面板上的"表单"类中单击【单选按钮】图标 ◉，或从菜单栏中选择【插入】|【表单】|【单选按钮】命令，出现"输入标签辅助功能属性"对话框，可以在其中输入相关参数，如图9-26所示。

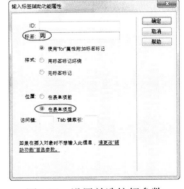

图9-25　输入文字　　　　图9-26　设置单选按钮参数

(3) 单击【确定】按钮，即可在文档中插入一个单选按钮。选定已经插入的单选按钮，将出现如图9-27所示的单选按钮"属性"面板。

提示：单选按钮"属性"面板中提供的主要选项如下。
- "单选按钮"文本框：用于设置单选按钮对象的名称。一组选项中的每个单选按钮的名称必须一致，这样整个单选组才能有效。单选按钮名称不能包含空格或特殊字符。
- 选定值：用于为单选按钮组指定同一个名称，该值由"选定值"文本框的内容决定。
- 初始状态：初始状态用于设置在浏览器中载入表单时，该单选按钮是否被选中。要为每一个单选按钮组指定默认选择，可以选择单选按钮，将"初始状态"选项设置为"已勾选"。

---

(4) 用同样的方法，添加一个标签为"男"和"女"的2个单选按钮，如图9-28所示。

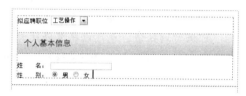

图9-27　单选按钮"属性"面板　　　　图9-28　添加标签为"男"和"女"的单选按钮

（5）添加如图9-29所示的文本域和单选按钮。

图9-29　添加其他表单对象

（6）插入一个"列表/菜单"对象，参数设置和效果如图9-30所示。

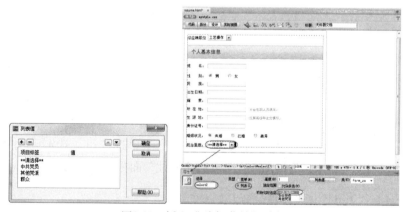

图9-30　插入"列表/菜单"对象

5．插入文本区域

（1）在当前表单的下方添加如图9-31所示的表单对象和文字内容，并将光标换行到下一空行中。

（2）在"插入"面板上的"表单"类中单击【文本区域】图标，或从菜单栏中选择【插入】|【表单】|【文本区域】命令，将出现"输入标签辅助功能属性"对话框，如图9-32所示。

第9课 表单和行为

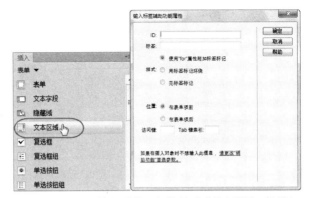

图9-31 添加"学历和学习经历"栏目的对象　　图9-32 文本区域的"输入标签辅助功能属性"对话框

(3) 直接单击【确定】按钮确认,然后选中文本区域对象,在"属性"面板中设置其字符宽度和行数等参数,如图9-33所示。

图9-33 设置文本区域对象的字符宽度和行数等参数

6．插入复选框

(1) 在表单中添加如图9-34所示的对象和文本内容。

图9-34 添加表单对象和文本内容

(2) 在"插入"面板的"表单"类中单击【复选框组】图标，或从菜单栏中选择【插入】|【表单】|【复选框组】命令，出现"复选框组"对话框，可以在其中输入相关参数，如图9-35所示。

233

图9-35 "复选框组"对话框

(3) 将系统默认的2个复选框名称修改为需要的内容，再单击【添加】按钮，添加一个名为"美术"的项目，如图9-36所示。

(4) 用同样的方法添加需要的项目，然后单击【确定】按钮，即可创建出如图9-37所示的复选框组。

图9-36 添加项目　　　　　　图9-37 复选框组创建效果

(5) 调整复选框组中选项的位置，效果如图9-38所示。

(6) 选中已经添加的某个复选框，将出现如图9-39所示的复选框"属性"面板。

图9-38 调整选项的位置　　　　　　图9-39 复选框"属性"面板

提示：复选框"属性"面板的主要选项如下。

- 复选框名称：与其他表单对象一样，可以在复选框的属性检查器的文本框中为其指定一个名称，每个复选框都必须有唯一的名称且必须在该表单内唯一地标识该复选框。此名称不能包含空格或特殊字符。如果不指定名称，Dreamweaver会插入默认的名称，如checkbox Group 1。
- 选定值：该文本框用于输入需要传送给服务器处理程序的信息。
- 初始状态：用于确定在浏览器中载入表单时，该复选框是否被选中。默认方式下，每个复选框的起始状态都是"未选中"，可以选中"已勾选"选项来改变这种状态。

(7) 在复选框组的下方添加上如图9-40所示的其他表单对象。

(8) 在表单中添加上如图9-41所示的对象和文本内容，并将光标定位到"联系信息"下方。

图9-40 添加其他表单对象　　　　　　　　图9-41 添加其他栏目

(9) 从菜单栏中选择【插入】|【表单】|【图像域】命令，或在"插入"面板的"表单"类别中单击【图像域】按钮，将出现"选择图像源文件"对话框，在其中选择需要插入的图像文件，如图9-42所示。

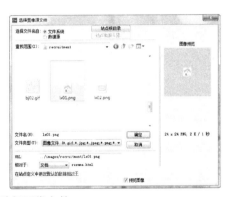

图9-42 选择图像文件

(10) 单击【确定】按钮，出现"输入标签辅助功能属性"对话框，参数设置如图9-43所示。

(11) 单击【确定】按钮，即可在表单中插入一个"图像域"。选定已经插入的图像域，出现如图9-44所示的图像域"属性"面板。

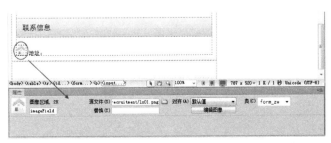

图9-43 设置图像域　　　　　　　　图9-44 图像域"属性"面板

提示：图像域"属性"面板的主要选项如下。
- "图像区域"文本框：用于为所选的图像指定一个名称。
- 源文件：用于指定图像文件。
- 替代：用于输入一旦图像在浏览器中载入失败后将显示的描述性文本。
- 对齐：用于设置图像的对齐属性。
- 编辑图像：单击【编辑图像】按钮，将自动启动默认的图像编辑器并打开当前图像文件进行编辑。

（12）在图像域的后面添加上如图9-45所示的文本域。

（13）用同样的方法添加其他图像域和对应的文本域，效果如图9-46所示。

图9-45　添加文本域

图9-46　添加其他图像域和对应的文本域

7．插入文件域

（1）添加一个名为"上传资料"的栏目，并输入如图9-47所示的文字。

图9-47　输入文字

（2）从菜单栏中选择【插入】|【表单】|【文件域】命令，或在"插入"面板的"表单"类别中单击【文件域】按钮，出现"输入标签辅助功能属性"对话框，单击【确定】按钮，插入一个用于输入或显示文件名及路径的文本框，并在其右侧出现一个【浏览】按钮，如图9-48所示。浏览网页时，单击【浏览】按钮可定位并选择和表单数据一起被传送的文件。

图9-48　添加文件域

提示：文件域用于将计算机中的特定文件附加到表单上，并与其他数据一起发送。

(3) 选定已经插入的文件域，将出现如图9-49所示的文件域"属性"面板。

图9-49 文件域"属性"面板

提示：文件域"属性"面板的主要的选项如下。
- 文件域名称：用于指定该文件域的名称。
- 字符宽度：用于指定该域最多可显示的字符数。
- 最多字符数：用于设置文件域中最多可容纳的字符数。

(4) 用同样的方法再插入另一个文件域，参数设置和效果如图9-50所示。

图9-50 插入另一个文件域

8．插入按钮

(1) 要使表单具有交互性，必须在表单中提供【提交】、【重置】或【发送】等按钮。要插入按钮，应将光标定位于表单内需插入按钮的位置。从菜单栏中选择【插入】|【表单】|【按钮】命令，或在"插入"面板的"表单"类别中单击【按钮】图标，出现按钮的"输入标签辅助功能属性"对话框，如图9-51所示。

图9-51 按钮的"输入标签辅助功能属性"对话框

(2) 直接单击【确定】按钮，即可插入一个按钮。选中要设置属性的按钮，出现按钮 "属性" 面板，本例将按钮的 "类" 设置为tp1，如图9-52所示。

图9-52　按钮 "属性" 面板

提示：按钮 "属性" 面板的主要选项如下。

- 按钮名称：用于设置按钮名称。需要注意的是，【提交】和【重置】是两个保留按钮名称。【提交】按钮会使用POST的方法将表单发送到指定的动作（通常是服务器端程序的URL或一个mailto地址）；【重置】按钮会将表单中所有的域清除。
- 值：用于输入按钮上显示的文本。本例在 "值" 文本框中输入 "提交简历"，输入后，按钮上将显示 "提交简历" 的字样，如图9-53所示。创建按钮时，默认的文本为 "提交"。
- 动作：用于设置按钮的功能。选中 "提交表单" 选项，表示该按钮用于提交数据值到服务器。若选中 "重置表单" 选项，则表示表单内的填写内容全部清空，重新填写一遍。选择 "无" 选项，表示没有动作的按钮，可通过一些触发事件及执行程序响应按钮的一些操作。

(3) 用同样的方法创建一个名为 "重新输入" 的按钮，参数设置和效果如图9-54所示。

图9-53　更改按钮的 "值"

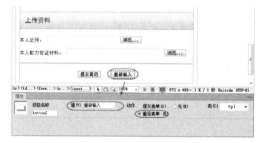

图9-54　创建第2个按钮

9. 提交表单

(1) 选中<form#form1>标签，在 "动作" 框中输入要提交到的邮箱，本例输入mailto: webmaster@dizhi.com，如图9-55所示。用户填写表单后，只需单击【提交】按钮就能将表单内容发送到指定的邮箱中。

第9课 表单和行为

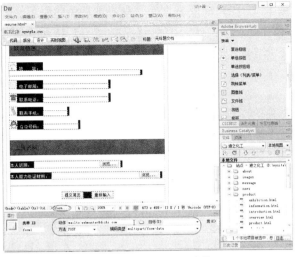

图9-55 设置表单的动作

(2) 选中【重新输入】按钮对象,在"属性"面板中将"动作"设置为"重设表单"。
(3) 保存文档,完成表单的制作。

10．套用模板

(1) 从菜单栏中选择【文件】|【新建】命令,打开"新建文档"对话框。选择"模板中的页"类别,从"站点"列表中选择名为"迪之化工"的站点,然后从可用的模板列表中,选择名为secruitment.dwt的模板文档,如图9-56所示。
(2) 单击【创建】按钮创建一个基于secruitment.dwt模板的文档,然后将其保存为名为online_resume.html的页面文档。
(3) 删除可编辑区中的表格对象,然后从菜单栏中选择【插入】|【HTML】|【框架】|【IFRAME】命令,在可编辑区中创建一个HTML框架,然后在"标签检查器"面板中设置如图9-57所示的参数,并将名为resume.html页面文档链接到HTML框架中。

图9-56 选择模板文档

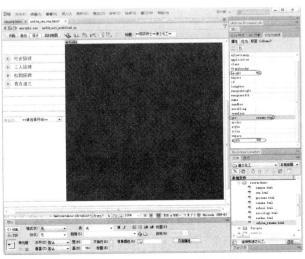

图9-57 插入HTML框架并设置参数

(4) 保存文档，按下【F12】键预览页面，效果如图9-58所示。

(5) 在网页中填写表单信息，然后单击【提交简历】按钮，将出现如图9-59所示系统的消息框。单击【确定】按钮，所填写的表单便会以电子邮件的方式提交到指定的邮箱中。如果在网页中单击【重新输入】按钮，将会清空表单中已填写的项目。

图9-58　套用表单后的页面预览效果　　　　图9-59　系统消息框

(6) 为方便找到并填写表单，打开 secruitment.dwt 模板文档，在其中添加上如图9-60所示的文本并链接到 online_resume.html 页面中。设置后保存模板文档并更新基于模板的所有页面文档即可。

图9-60　添加链接

9.2　实例："明星产品"页面（行为及其应用）

Dreamweaver的"行为"是网页上一段用于实现浏览者与Web页进行交互的JavaScript代

码。使用"行为",可以响应鼠标或键盘的一些动作,从而实现一些网页特效。"行为"是事件和动作的结合,"行为"被规定附属于用户页面上的某个特定的元素,可以是一个文本链接、一个图像或者<body>标识。使用"行为"面板,可以指定动作及触发该动作的事件,从而将"行为"添加到页面中。

本节以制作如图9-61所示的"明星产品"页面为例,介绍行为及其应用方法。制作效果请参考本书"配套素材\mysite\迪之化工有限公司\products\star_products.html"文件。

图9-61 "明星产品"页面

1. 制作页面

(1) 启动Dreamweaver CS6,从菜单栏中选择【文件】|【新建】命令,打开"新建文档"对话框。选择"模板中的页"类别,从"站点"列表中选择名为"迪之化工"的站点,然后从可用的模板列表中,选择名为products.dwt的模板文档,如图9-62所示。

图9-62 基于模板创建文档

(2) 单击【创建】按钮创建一个基于secruitment.dwt模板的文档,然后将其保存为名为star_products.html的页面文档。

(3) 删除可编辑区中现有的表格对象,然后从菜单栏中选择【插入】|【表格】命令,插入一个5行1列、宽度为100%的嵌套表格,如图9-63所示。

图9-63 插入嵌套表格

（4）分别将插入点置于表格的各单元格中，利用"属性"面板设置其高度，各行的高度参数如图9-64所示。

（5）在表格第1行中插入如图9-65所示的图像，并在"属性"面板中将其ID设置为banner1。

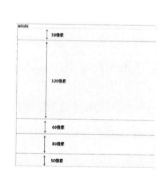

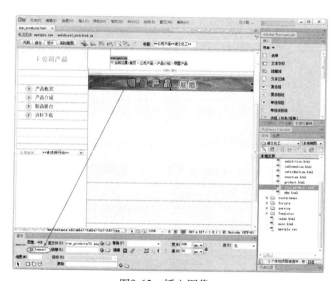

图9-64 表格各行的高度参数　　　　图9-65 插入图像

（6）将插入点置于表格第2行中，按下【Shift】+【F5】键，在出现的"标签编辑器"对话框中设置其背景图像，参数设置和效果如图9-66所示。

 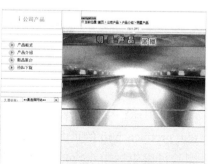

图9-66 设置背景图像参数及其效果

(7) 在第2行中插入一个4行1列、宽度为100%的表格，然后将该表格的各行高度分别设置为20像素、205像素、30像素和65像素，效果如图9-67所示。

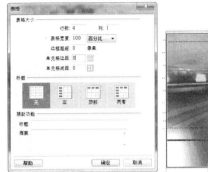 

图9-67 插入并设置表格高度

(8) 将光标定位到内嵌表格的第2行中，利用"属性"栏上的"水平居中"选项，将单元格的对齐方式设置为水平居中，然后在其中插入一个1行1列、宽度为480像素的表格，确认后将其高度设置为190像素，如图9-68所示。

图9-68 插入表格

(9) 将光标定位到内嵌表格的第4行中，利用"属性"栏上的"水平居中"选项，将单元格的对齐方式设置为水平居中，然后在其中插入一个1行6列、宽度为100%的表格，如图9-69所示。

 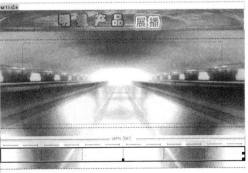

图9-69 插入表格

（10）分别在如图9-70所示的单元格中插入图像。

（11）在下一行的单元格中插入如图9-71所示的图像。

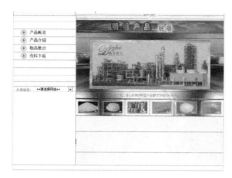 

图9-70　插入图像　　　　　　　　图9-71　插入图像

（12）在下一行的单元格中插入一个3行3列、宽度为100%、单元格边距为3像素的表格，并在其中输入如图9-72所示的文字。

 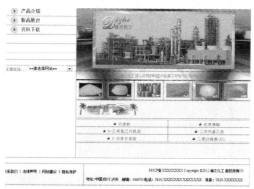

图9-72　插入表格并输入文字

（13）在表格的最后一行中插入如图9-73所示的图像。

图9-73　插入图像

2. 改变对象属性

(1) 使用"改变属性"行为，可以更改指定对象的某些属性的值。本例选中文档中的"明星产品展播"图像。

(2) 从菜单栏中选择【窗口】|【行为】命令，打开"行为"面板，单击其中的【添加动作】按钮 +., 在出现的菜单中选择"更改属性"动作，出现如图9-74所示的"改变属性"对话框。

图9-74 打开"改变属性"对话框

(3) 在"元素类型"下拉列表中，选择一种对象类型，本例选择IMG，如图9-75所示。

(4) 在"元素ID"下拉列表中选择想要改变的属性对象，本例选择banner1图像，如图9-75所示。

(5) 在"属性"栏中选择"输入"选项，然后输入属性参数width（宽度），并将其宽度值（新的值）设置为293，如图9-76所示。

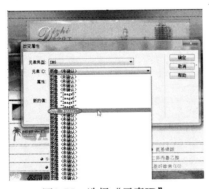
图9-75 选择"元素ID"

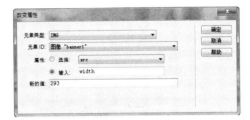
图9-76 设置图像属性参数

(6) 单击【确定】按钮，即可在"行为"面板中看到所选择的动作和相关参数，如图9-77所示。

提示：使用"行为"面板，可以在Dreamweaver CS6中轻松设计出实用的JavaScript代码，从而在网页上实现一系列在客户端发生的行为动作。在"行为"面板中选择一个动作，并结束相应的对话框操作后，默认的事件就会出现在"事件"窗格中，而所选择的动作

出现在"动作"窗格中。通过单击在默认事件旁边的向下箭头，可以选择不同的事件。双击相应的动作，打开相关的参数窗口，可以修改动作的属性。"行为"面板中主要提供了【显示设置事件】、【显示所有事件】、【添加动作】、【删除动作】、【向上移动】、【向下移动】等工具。各个工具的功能如下。

- 【显示设置事件】按钮 ：按下按钮，列表框中只显示附加到当前文档的事件。事件被分别划归到客户端或服务器端类别中。每个类别的事件都包含在一个可折叠的列表中，可以单击类别名称旁边的【加号/减号】按钮展开或折叠该列表。"显示设置事件"是默认的视图。

- 【显示所有事件】按钮 ：按下按钮，列表框中按字母降序显示给定类别的所有事件，也包括在网页中已经设置的事件。

- 【添加动作】按钮 + ：单击该按钮，将出现"添加动作"菜单，其中包含了可以附加到当前所选元素的动作。从该列表中选择一个动作时，会出现一个对话框，以便在其中指定动作参数。

- 【删除动作】按钮 - ：单击该按钮，将在行为列表中删除当前选中的事件和动作。

- 【向上】按钮 ▲ 和【向下】按钮 ▼ ：用于将特定事件的所选动作在行为列表中向上或向下移动。给定事件的动作是以特定的顺序执行的。可以为特定的事件更改动作的顺序。

- 行为列表框：行为列表框中显示了页面上添加的行为，单击行为列表框中所选事件名称旁边的箭头按钮时，会出现一个下拉列表菜单，其中包含可以触发该动作的所有事件。只有在选择了行为列表中的某个事件时才显示此菜单。根据所选对象的不同，显示的事件也有所不同。

(7) 从行为列表框事件列表中选择名为onMouseOver的事件，如图9-78所示。"改变属性"动作默认的事件是onClick，表示在banner1图像上单击鼠标，才触发将图像的宽度设置为293像素的动作。设置为onMouseOver事件后，当鼠标移动到banner1图像上，就能触发将图像的宽度设置为293像素的动作。

图9-77 第1个动作的添加效果

图9-78 选择触发事件

第9课 表单和行为

提示：事件是任何与使用者在一个链接上单击同样具有交互性的事情，也可以是一个Web页的载入过程同样自动化的某件事情。比如，将鼠标指针移动到某个链接上时，浏览器便为该链接生成一个onMouseOver（鼠标经过）事件，然后浏览器查看是否存在当为该链接生成该事件时浏览器应该调用的JavaScript代码，不同的页元素定义了不同的事件。每个浏览器都提供了一组事件，这些事件可以与"行为"面板的【添加动作】按钮+.下拉菜单中列出的动作相关联。当用户进行单击等操作时，即产生了一个事件，需要浏览器进行处理。浏览器响应事件并进行处理的过程称为事件处理，进行这种处理的代码称为"事件响应函数"。通常浏览器会默认定义一些通用的事件处理过程，以便响应那些最基本的事件。例如，单击链接的默认响应就是装入并显示目标页面，单击表单中的【提交】按钮的默认响应就是将表单提交到服务器等。Dreamweaver触发动作的主要事件如下。

- onAbort：中断浏览器正在载入图像。
- onAfterupdate：网页中bound（边界）数据元素已经完成源数据的更新。
- onBeforeupdate：网页中bound（边界）数据元素已改变且将要和访问者失去交互。
- onBlur：指定元素不再被访问者交互。
- onBounce：选取框中的内容移动到该选取框边界。
- onChange：改变网页中的某个属性值。
- onClick：在指定的元素上单击。
- onDblClick：在指定的元素上双击。
- onError：浏览器在网页或图像载入时产生错误。
- onFinish：选取框中的内容完成一次循环。
- onFocus：指定元素被访问者交互。
- onHelp：访问者单击浏览器的【帮助】按钮或选择"浏览器"菜单中的【帮助】选项。
- onKeyDown：按下任意键。
- onKeyPress：按下和松开任意键。
- onKeyUp：按下的键松开。
- onLoad：图像或网页载入完成。
- onMouseDown：按下鼠标键。
- onMouseMove：将鼠标在指定元素上移动。
- onMouseOut：将鼠标从指定元素上移开。
- onMouseOver：将鼠标第一次移动到指定元素上。
- onMouseUp：鼠标弹起。
- onMove：移动窗体或框架。
- onReadyStateChange：改变指定元素的状态。
- onReset：表单内容被重新设置为默认值。
- onResize：调整浏览器或框架的大小。
- onRowEnter：bound（边界）数据源的当前记录指针已经改变。
- onRowExit：bound（边界）数据源的当前记录指针将要改变。
- onScroll：使用滚动条向上或向下滚动。

- onSelect：选择文本框中的文本。
- onStart：选取框元素中的内容开始循环。
- onSubmit：提交表格。
- onUnload：离开网页。

(8) 再次在"行为"面板中单击【添加动作】按钮，在出现的菜单中选择"更改属性"选项，在出现的"改变属性"对话框中设置如图9-79所示的参数。

(9) 单击【确定】按钮，完成第2个动作的添加，然后在"行为"面板中也将其事件设置为onMouseOver，如图9-80所示。

图9-79 设置第2个动作的参数

图9-80 完成第2个动作的添加

(10) 再次在"行为"面板中单击【添加动作】按钮，在出现的菜单中选择"更改属性"选项，在出现的"改变属性"对话框中设置如图9-81所示的参数。

(11) 单击【确定】按钮，完成第3个动作的添加，然后在"行为"面板中将其事件设置为onMouseOut，如图9-82所示。

图9-81 设置第3个动作的参数

图9-82 完成第3个动作的添加

(12) 再次在"行为"面板中单击【添加动作】按钮，在出现的菜单中选择"更改属性"选项，在出现的"改变属性"对话框中设置如图9-83所示的参数。

(13) 单击【确定】按钮，完成第4个动作的添加，然后在"行为"面板中将其事件设置为onMouseOut，如图9-84所示。

图9-83 设置第4个动作的参数

图9-84 完成第4个动作的添加

(14) 保存文档，按下【F12】键在浏览器中预览页面。可以看到，当鼠标指针在"明

第9课 表单和行为

星产品展播"图像之外时,图像的大小为586像素×50像素;而当鼠标指针指向"明星产品展播"图像时,图像缩小为293像素×25像素,如图9-85所示。

图9-85 预览效果

3. 交换图像和恢复交换图像

(1) 为方便在"交换图像"对话框中选择对象,需要在图像"属性"面板的"ID"文本框中为图像设置一个名称,如图9-86所示。

(2) 用同样的方法,为下一行的6张用于交换的图像设置ID,如图9-87所示。

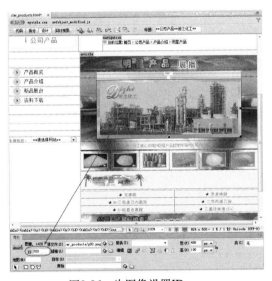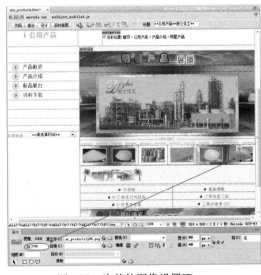

图9-86 为图像设置ID　　　　图9-87 为其他图像设置ID

(3) 选择中要交换的图像对象,在"行为"面板中单击【添加行为】按钮 +,从出现的菜单中选择"交换图像"选项,如图9-88所示。

提示: "交换图像"选项用于将一个图像和另一个图像进行交换,主要用于创建鼠标经过按钮的效果;而"恢复交换图像"选项用于将最后一组交换的图像恢复为以前的源文件,在将"交换图像"行为附加到某个对象时选择"恢复"选项,将会自动添加"恢复交换图像"行为。

图9-88 选择"交换图像"选项

（4）打开"交换图像"对话框后，从"图像"列表中选择要更改其来源的图像，然后单击"设定原始档为"选项后面的【浏览】按钮，在出现的"选择图像源文件"对话框中选择新图像文件。本例将要更改其来源的图像设置为P00，将"设定原始档为"的图像设置为名为P1.png的图像，如图9-89所示。

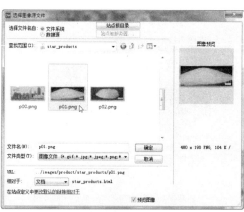

图9-89 设置要替换的原始图像和替换后的图像

（5）单击【确定】按钮，即可在"设定原始档为"文本框中出现替换后的图像的路径和文件名，如图9-90所示。

> **提示**：在"交换图像"对话框中选中"预先载入图像"选项，可在加载页面时对新图像进行缓存；选中"鼠标离开时恢复图像"选项，可以自动添加"恢复交换图像"行为，以便将最后一组交换的图像恢复为以前的源文件。

（6）设置完成后单击【确定】按钮，即可在"行为"面板中看到如图9-91所示的两个动作。从"交换图像"的"事件"触发控制器中选择onMouseOver选项，表示将鼠标指针移动到图像上时触发交换图像的动作；从"恢复交换图像"的"事件"

触发控制器中选择onMouseOut选项，表示将鼠标指针移开图像后触发恢复交换图像的动作。

图9-90　设置结果　　　　　　　图9-91　"交换图像"动作添加效果

（7）保存文档，按下快捷键【F12】在浏览器中预览动作设置效果。可以看到，当鼠标指针移动到指定图像时，其上方的图像将"交换"为用户设置的新图像，如图9-92所示。

图9-92　预览效果

（8）用同样的方法设置其余5幅图像的交换和恢复效果。

4．打开浏览器窗口

（1）利用"打开浏览器窗口"对话框，可以在一个新窗口中打开网页，并且可以指定新窗口的属性（包括其大小）、特性（它是否可以调整大小、是否具有菜单栏等）和名称。先选择用来触发动作的对象，本例选中文档中的"衣康酸"几个文字。

（2）在"行为"面板中单击【添加行为】按钮 ，从出现的菜单中选择"打开浏览器窗口"选项，出现"打开浏览器窗口"对话框。单击"要显示的 URL："选项后面的【浏览】按钮，在出现的对话框中选择一个在新窗口中出现的网页文档，或者直接输入一个要在新窗口中打开的网址。

（3）在"窗口宽度"框中指定窗口的宽度以像素为单位的值；在"窗口高度"框中指定窗口的高度以像素为单位的值。

（4）在"属性"选项中选中"导航工具栏"，将出现包括"后退"、"前进"、"主页"等浏览器按钮；选中"地址工具栏"选项，将出现一行包括地址文本框的浏览器选项；选中"状态栏"选项，将在浏览器窗口底部的区域显示消息；选中"菜单条"选项，将在浏览器窗口中显示出菜单；选中"需要时显示滚动条"选项，在内容超出可视区域时显示出滚动条；选中"调整大小手柄"选项，将使用户能调整窗口的大小。在"窗口名称"框中可以输入新窗口的名称。本例的设置情况如图9-93所示。

(5) 设置完成后，单击【确定】按钮，即可在"行为"面板中添加上"打开浏览器窗口"动作，将其触发事件更改为onClick，如图9-94所示。

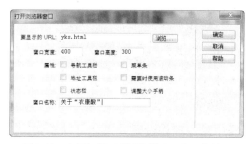

图9-93　打开"打开浏览器窗口"对话框

图9-94　行为添加效果

提示：为了正常显示新的浏览器窗口，应另外制作一个html文档。本例中，yks.html文档的内容如图9-95所示。

(6) 保存文档，再按下【F12】键预览页面，当单击其中设置了动作的文字时，将打开如图9-96所示的窗口，并显示所指定的URL页面。

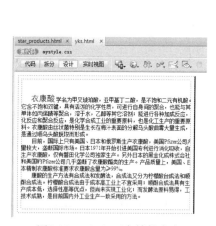

图9-95　yks.html文档的内容

图9-96　预览效果

(7) 用同样的方法为其他产品添加上"打开浏览器窗口"动作。

5．创建特殊效果

(1) 选中如图9-97所示的图像，在"行为"面板中单击【添加行为】按钮，从出现的菜单中选择"效果"选项，再从出现的子菜单中选择"晃动"选项。

提示：特殊效果选项用于增强动画形式的视觉，各个效果的功能如下。

- 增大/收缩：使元素变大或变小。

- 挤压：使元素从页面的左上角消失。
- 显示/渐隐：使元素显示或渐隐。
- 晃动：从左向右晃动元素。
- 滑动：上下移动元素。
- 遮帘：向上或向下滚动百叶窗来隐藏或显示元素。
- 高亮颜色：更改元素的背景颜色。

图9-97　为选中图像选择"晃动"动作

（2）出现如图9-98所示的"晃动"对话框后，直接单击【确定】按钮，即可在"行为"面板中添加上名为"晃动"的动作。再从"事件"触发控制器中选择onMouseOver选项，表示将鼠标指针移动到图像上时触发使图像晃动的动作，如图9-99所示。

图9-98　"晃动"对话框　　　　图9-99　设置触发事件

（3）选中如图9-100所示的文本内容，在"行为"面板中单击【添加行为】按钮，从出现的菜单中选择"效果"选项，再从出现的子菜单中选择"高亮颜色"选项。

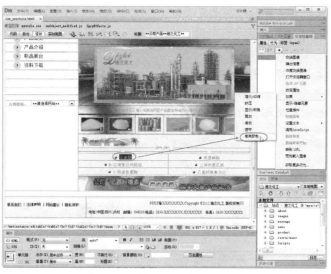

图9-100 选择"高亮颜色"选项

（4）在随后出现的"高亮颜色"对话框中设置如图9-101所示的参数。

（5）单击【确定】按钮，即可在"行为"面板中添加上名为"高亮颜色"的动作。再从"事件"触发控制器中选择onMouseOver选项，表示将鼠标指针移动到图像上时触发使文本以高亮颜色显示的动作，如图9-102所示。

图9-101 "高亮颜色"动作参数设置

图9-102 动作添加效果

（6）在"文档"窗口中选中如图9-103所示的图像，将其ID命名为banner2。

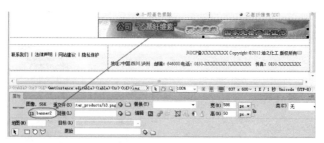

图9-103 选中图像并设置ID

（7）在"行为"面板中单击【添加行为】按钮，从出现的菜单中选择"效果"选项，再从出现的子菜单中选择"增大/收缩"选项。然后在出现的"增大/收缩"对话框中将"目标元素"设置为img"banner2"，"效果持续时间"设置为1000毫秒，"效果"设置为"收缩"，"收缩自"设置为100%，"收缩到"设置为20%，收缩对齐方式设置为"居中对齐"，如图9-104所示。

(8) 再为同一个图像添加一个"增大"动作，参数设置如图9-105所示。

(9) 设置完成后，在"行为"面板中将"收缩"动作的触发事件设置为onMouseOver，将"增大"动作的触发事件设置为onMouseOut，如图9-106所示。

图9-104 收缩参数设置

图9-105 增大参数设置

图9-106 设置增大和收缩动作的触发事件

(10) 从"插入"面板的"布局"类别中选择"绘制AP Div"选项，然后在"文档"窗口中绘制如图9-107所示的AP Div元素，并利用"属性"面板设置其高度和宽度。

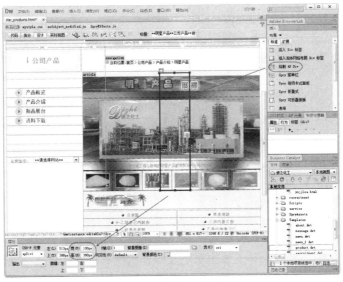

图9-107 绘制AP Div元素

(11) 再在当前AP Div元素中绘制一个嵌套的AP Div元素并设置其大小，如图9-108所示。

图9-108 绘制嵌套的AP Div元素并设置其大小

(12) 在AP Div元素和嵌套的AP Div元素中分别插入图像，如图9-109所示。

(13) 将AP Div元素移动到如图9-110所示的位置。

图9-109 插入图像

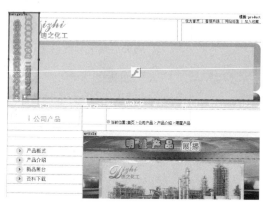

图9-110 移动AP Div元素

(14) 在"行为"面板中单击【添加行为】按钮 ，从出现的菜单中选择"效果"选项，再从出现的子菜单中选择"遮帘"选项。在出现的"遮帘"对话框中设置如图9-111所示的参数。

(15) 单击【确定】按钮，在"行为"面板中出现名为"遮帘"的动作，将其触发事件设置为OnLoad，如图9-112所示。

提示：由于当前文档是基于模板创建的，默认情况下不能设置名为OnLoad的触发事件。可在标签栏中单击<body>标签选中整个文档，然后从菜单栏中选择【修改】|【模板】|【令属性可编辑】命令，在出现的"可编辑标签属性"对话框中将"属性"设置为ONLOAD，然后设置如图9-113所示的参数。

图9-111 "遮帘"参数设置

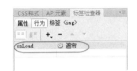

图9-112 设置动作的触发事件

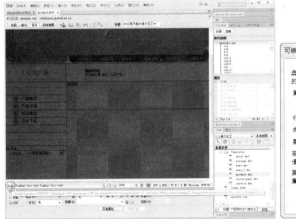

图9-113 设置"可编辑标签属性"参数

(16) 保存文档,按下【F12】键预览页面,效果如图9-114所示。可以看到,在打开页面时,一个广告条幅像遮帘一样徐徐展开。

(17) 选中嵌套的名为"关闭"的AP Div元素,在"行为"面板中单击【添加行为】按钮,从出现的菜单中选择"显示-隐藏元素"选项,在出现的"显示-隐藏元素"对话框中设置如图9-115所示的参数。

图9-114 预览效果

图9-115 设置显示-隐藏元素的参数

257

(18) 单击【确定】按钮,然后在"行为"面板中将触发事件设置为onClick,如图9-116所示。该触发事件表明,在浏览页面时,如果单击遮帘中的"关闭"按钮,整个AP Div元素将隐藏起来。

图9-116　设置触发动作

(19) 使用快捷键【Ctrl】+【S】保存当前文档,然后按下【F12】键在系统默认浏览器中预览制作完成的页面。打开页面后,将出现广告条幅,单击条幅右下角的"关闭"按钮,广告条幅便会消失,如图9-117所示。

图9-117　预览效果

(20) 打开首页页面文档index.html,选中如图9-118所示的【MORE】按钮,在"属性"面板中将其链接设置为product/star_products.html。设置后,单击【MORE】按钮,即可打开star_products.html页面。

(21) 用同样的方法,在"公司产品"面板中为"明星产品"设置链接。

第9课 表单和行为

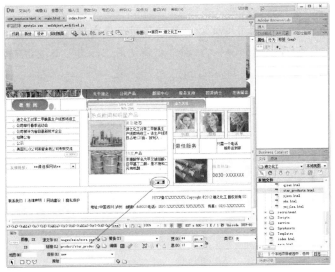

图9-118 设置链接

提示： 除本例中涉及的动作外，Dreamweaver CS6还内置了多个动作，也可以从Adobe Exchange（http://www.adobe.com/cn/exchange/）中下载更多的动作。下面简要介绍一些典型动作的功能。

- 设置状态栏文本：使用"设置状态栏文本"动作，可以在浏览器窗口底部左侧的状态栏中显示用户设置消息。
- 拖动AP元素："拖动AP元素"动作用于让浏览者在浏览器窗口中任意拖放AP元素，从而创建像拼板图像游戏一样的界面元素。
- 显示-隐藏元素："显示-隐藏元素"动作用于显示、隐藏或恢复一个或多个页面元素的默认可见性。
- 弹出信息："弹出消息"动作用于在浏览器中弹出一个包含指定消息的警告框。
- 检查插件：使用"检查插件"动作，可以检查用户的浏览器是否安装了Shockwave或Flash播放插件。如果有，则转到正常播放的网页，以正常访问Shockwave或Flash内容；如果没有，则让浏览者转到另一页，并该页上显示提示信息。
- 设置容器的文本：Dreamweaver的容器是指包含了文本或其他页面元素的元素，如AP元素、文本域等。"设置容器的文本"动作用于将页面上的容器的内容和格式替换为指定的内容。
- 设置文本域文字：使用"设置文本域文字"动作，可以用指定的内容替换表单文本域的内容。
- 设置框架文本：使用"设置框架文本"动作，可以在网页中动态地设置框架的文本，以便用指定的内容来替换框架中的内容和格式。
- 检查表单："检查表单"动作用于检查指定文本域的内容，以确保用户输入的数据类型的正确性。当通过onBlur事件将"检查表单"动作附加到单独的文本字段后，浏览者在填写表单时就会验证这些字段。也可以通过onSubmit事件将"检查表单"动作附加到表单上，使用户在单击【提交】按钮时会同时计算多个文本字段，以防止在提交表单时出现无效数据。
- 调用JavaScript："调用JavaScript"动作用于自由编写JavaScript或使用Web上免费的JavaScript库中提供的代码。该动作允许使用"行为"面板指定当发生某个事件时应该执行的自定义函数或JavaScript代码行。
- 跳转菜单开始："跳转菜单开始"动作和"跳转菜单"动作密切关联，"跳转菜单开始"动作用于将一个【转到】按钮和一个跳转菜单关联起来，单击【转到】按钮就能打开在跳转菜单中选择的链接。
- 转到URL："转到URL"动作用于在当前窗口或指定的框架中打开一个新的页面，该动作常常用于通过一次单击更改两个或多个框架的内容。

课后练习

1．在你的网站中制作一个"网站调查"页面，使访问者能通过表单向站点提交对网站的内容、人性化等方面的调查信息。
2．利用"行为"面板，在制作完成的页面中对部分对象添加上不同的动作。

第10课
测试、发布和管理站点

本课知识结构

要建设一个网站,需要注册域名和租用服务器空间,然后设计制作页面美观、布局合理、层次分明的网站。设计制作完成后,还需要通过一系列的测试才能发布到虚拟空间中,以供上网用户浏览。上传网站后,既需要进行必要的网站推广,又需要进行必要的管理和维护。本课将结合实例介绍在Dreamweaver CS6中测试、发布和管理站点的基本方法。知识结构如下:

就业达标要求

☆ 初步掌握对站点进行测试的方法
☆ 掌握链接的检查和修复方法
☆ 熟悉站点文件的管理方法
☆ 掌握站点的发布方法
☆ 了解站点的基本维护方法

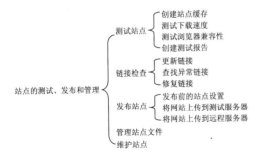

10.1 实例：测试"迪之化工"（站点测试）

在站点及其页面的创建过程中，需要反复对站点进行测试并解决所发现的问题。站点内容基本制作完成后，还需要对网站及其中的各个页面进行网页下载时间、浏览器兼容性、网页链接、文本拼写等测试，以确保全部页面能在目标浏览器中正常显示和工作。本节以对"迪之化工"网站的测试为例，介绍站点测试的主要内容和测试方法。

1. 创建和重建站点缓存

（1）要创建缓存文件，可从菜单栏中选择【站点】｜【管理站点】命令，打开"管理站点"对话框。

（2）在"管理站点"对话框中选择要创建缓存的站点，单击【编辑】按钮，如图10-1所示。

（3）在出现的"站点设置对象"对话框中，展开"高级设置"选项，再选择其中的"本地信息"类别，选中其中的"启用缓存"复选框，如图10-2所示。

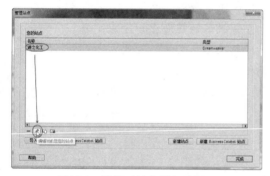

图10-1 选择对站点进行编辑

图10-2 选中"启用缓存"复选框

> 提示：缓存是提高站点性能的重要途径。浏览网页时，网页中所显示的数据并不是全部直接从数据库中取得的，而是先检查缓存中是否有需要的数据。如有，就直接从缓存中获取；如果没有，则直接从数据库中获取，并将其放入缓存。启用缓存后，在首次更改或删除指向本地文件夹中文件的链接时，Dreamweaver会提示用户加载缓存。

（4）要重新创建缓存，只需单击"文件"面板右上角的面板菜单图标，从出现的面板菜单中选择【站点】｜【高级】｜【重建站点缓存】命令即可，如图10-3所示。

2. 测试页面下载速度

（1）Dreamweaver会自动根据当前页面的内容及所有链接对象计算文件大小，然后根据在"首选参数"对话框中输入的连接速度来估计下载时间。Dreamweaver提供了不同的连接速率来对网页进行测试，可根据需要进行设置。从菜单栏中选择【编辑】｜【首选参数】命令，打开"首选参数"对话框。

（2）在"首选参数"对话框的"分类"中选中"状态栏"选项，在其右窗格中单击"连接速度"下拉菜单，有56、128、384、768、1500、6000、10000这7个参数供

第10课 测试、发布和管理站点

选择，本例设置为测试网页在384K/秒下的下载时间，只需将"连接速度"设置为384，如图10-4所示。

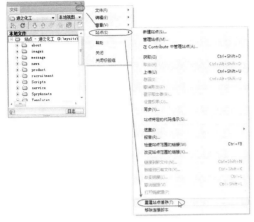

图10-3　重建站点缓存

图10-4　选择连接速度

(3) 单击【确定】按钮即可完成设置。此时，在Dreamweaver的编辑窗口打开网页文件时，会在编辑窗口下方的状态栏显示出这个网页文件的大小及下载时间。比如，打开名为video.html的网页，所显示的下载速度和时间如图10-5所示。其中，显示的下载速度和时间为"2297K/48秒"，表明该网页大小为2297K，如果采用当前设置的384K的网速下载到浏览器中，所需的时间大约为48秒。

图10-5　测试当前网页的下载速度和时间

3．测试浏览器兼容性

(1) 使用浏览器兼容性检查（BCC）功能，可以定位能够触发浏览器呈现错误的HTML和CSS组合，也可以测试文档中的代码是否存在目标浏览器不支持的任何CSS属性或值。先在"文件"面板中选中要测试的站点，出现所选站点的文件目录，如图10-6所示。

(2) 选择【文件】|【检查页】|【浏览器兼容性】命令，出现"浏览器兼容性"面板，如图10-7所示。

图10-6　选择站点　　　　　　　　　图10-7　"浏览器兼容性"面板

提示： 之所以对设计完成的网页要进行兼容性测试，是因为在Dreamweaver中设计的页面的任何元素必须在各种浏览器中都能清晰显示且功能正常，但一些版本的浏览器不支持CSS、AP元素、插件或JavaScript等对象，只有将问题暴露出来，才能有针对性地去解决问题。

(3) 单击【显示】按钮，从出现的"显示"下拉菜单中选择"设置"选项，打开"目标浏览器"对话框，如图10-8所示。

图10-8　打开"目标浏览器"对话框

(4) 从"浏览器最低版本"列表中选择要测试的目标浏览器，然后单击【确定】按钮返回。

(5) 从"显示"下拉菜单中选择"检查浏览器兼容性"选项，即可进行测试，如图10-9所示。

(6) 测试完成后，将出现如图10-10所示的测试结果。本例的结果为"未检测到任何问题"。

图10-9　选择选项　　　　　　　　　图10-10　测试结果

(7) 单击工具栏上的【浏览报告】图标，将出现浏览器兼容性测试报告，其中包括此次测试的时间、所使用的浏览器、兼容性有问题的网页文件、不兼容原因及具体

第10课　测试、发布和管理站点

语句等信息。根据这些信息，可对兼容性有问题的部分做适当修改。

4．创建站点测试报告

（1）对于整个站点，可以通过创建站点报告的方法来测试并解决整个站点的问题，包括无标题文档、空标签以及冗余的嵌套标签等，还可以检查代码中是否存在标签或语法错误。要创建测试报告，应从菜单栏中选择【站点】|【报告】命令，打开"报告"对话框，在其中选择要报告的类别和要运行的报告类型，如图10-11所示。

图10-11　选择报告类别和报告类型

（2）单击【运行】按钮，将在"站点报告"面板中显示出报告结果，如图10-12所示。同时，将自动启动默认浏览器，在其中显示最近修改过的文件的详情，如图10-13所示。

图10-12　报告结果

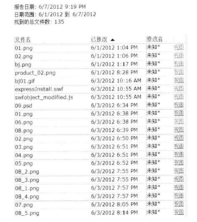

图10-13　最近修改过的文件的详情

（3）单击要按其排序的列标题，可以对报告结果进行排序。可以按文件名、行号或说明进行排序，也可以运行若干不同的报告并让不同的报告保持打开状态，如图10-14所示。

图10-14　按文件名对报告结果进行排序

(4) 在报告中选择任意行，然后单击"站点报告"面板左侧的【更多信息】按钮，将打开"描述"窗口来显示更多信息，如图10-15所示。

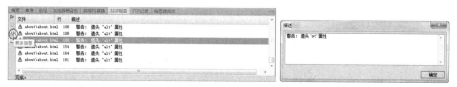

图10-15　显示更多信息

(5) 双击报告中的任意行，可以在"文档"窗口中查看相应的代码，如图10-16所示。

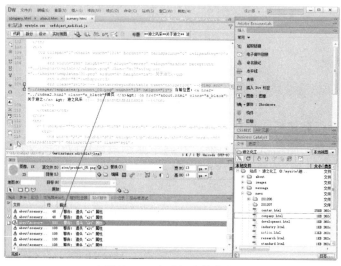

图10-16　查看相应的代码

(6) 单击"站点报告"面板左侧的【保存报告】按钮，将打开"另存为"对话框，可以将报告以xml的格式保存到磁盘上。

10.2　实例："迪之化工"的链接检查（检查链接）

网站中的页面大多包含了很多链接。创建链接时，难免会出现错误，而且站点也可能随时进行重新设计和组织，使所链接的页面被移动或删除，从而造成链接断开现象。因此，在上传网站前，还需要利用Dreamweaver CS6的链接管理功能对其进行测试和管理，并修复断开的链接。本节以检查"迪之化工"网站的链接为例，介绍链接的检查和修复方法。

1. 更新站点链接

(1) 当网站中文件的位置发生变化后，如果对其他超链并未进行调整，就会出现"断链"的情况，可以直接使用Dreamweaver提供的自动更新链接功能来修改。选择【编辑】|【首选参数】命令，出现"首选参数"对话框，从左侧的"分类"列表中选择"常规"，出现"常规"首选参数选项。

第10课 测试、发布和管理站点

(2) 在"文档选项"部分，从"移动文件时更新链接"下拉列表中选择"提示"或者"总是"选项，如图10-17所示。单击【确定】按钮，完成首选参数的设置。

图10-17 选择"提示"或者"总是"选项

提示：选择"总是"选项，在每次移动或重命名选定文档时，Dreamweaver会自动更新该文档的所有链接；选择"提示"选项，Dreamweaver会显示一个对话框，列出更改影响到的所有文件，以便进行选择；系统默认的选项是"提示"。

(3) 确认当前站点已经创建了缓存文件。如果尚未启用缓存，可用本课10.1节中介绍的方法创建缓存文件。

(4) 设置完成后，在第1次更改或删除指向本地文件夹中文件的链接时，Dreamweaver会提示载入缓存。如果单击【是】按钮，便可以载入缓存，并且Dreamweaver会更新指向刚刚更改的文件的所有链接。如果单击【否】按钮，则将所做更改记入缓存，但并不载入该缓存，而且Dreamweaver也不更新链接。Dreamweaver创建缓存文件，主要用于存储有关本地文件夹中所有链接的信息，这可加快更新过程。

2．在站点范围内更改链接

(1) 在"文件"面板中选中任意一个文档，如果更改的是电子邮件链接、FTP链接、空链接或脚本链接，则不需要选中文档。

(2) 从菜单栏中选择【站点】|【改变站点范围的链接】命令，出现"更改整个站点链接"对话框，如图10-18所示。

(3) 单击"更改所有的链接"文本框右侧的文件夹图标，选择要更改其链接的文件；单击"变成新链接"文本框右侧的文件夹图标，选择要链接到的新文件，如图10-19所示。

图10-18 "更改整个站点链接"对话框　　图10-19 设置要更改的链接

(4) 单击【确定】按钮，出现如图10-20所示的"更新文件"对话框，其中列出了当前站点中需要更新链接的所有文件。

(5) 单击【更新】按钮，Dreamweaver会更新链接到选定文件的所有文档，使这些文档指向新文件，并沿用文档已经使用的路径格式，如图10-21所示为更新进程。不论链接类型是文档相对链接还是根目录相对链接，Dreamweaver都会自动更新该链接。

图10-20 "更新文件"对话框　　　　　图10-21 更新进程

3．检查链接

(1) "检查链接"功能用于在站点或当前文档中搜索断开的链接和孤立文件。孤立文件是指存在于站点中，但没有与其他任何文件链接的文件，这类文件可以通过检查链接来进行标识和删除。打开要检查的站点，从菜单栏中选择【站点】|【检查站点范围的链接】命令，即可开始进行检查，检查完成后将在"链接检查器"面板中出现如图10-22所示的"断掉的链接"报告。

图10-22 "断掉的链接"报告

(2) 在"链接检查器"面板中单击"显示"选项右侧的下拉按钮，从出现的"显示"菜单中选择"外部链接"选项，将在"链接检查器"面板中出现"外部链接"报告。其中显示了各个外部链接的文件名称和URL，如图10-23所示。

图10-23 "外部链接"报告

(3) 在"链接检查器"面板中单击"显示"选项右侧的下拉按钮，从出现的"显示"菜单中选择"孤立的文件"选项，将在"链接检查器"面板中出现"孤立的文件"报告。其中显示了当前站点中没有与其他任何文件链接的文件，如图10-24所示。

图10-24 "孤立的文件"报告

第10课　测试、发布和管理站点

（4）要保存报告，只需单击"链接检查器"面板左侧的【保存报告】按钮打开"另存为"对话框，然后将报告以文本文件格式保存到磁盘上。

> 提示：如果只检查本地站点部分内容的链接，应在"文件"面板的"本地"视图中选择要检查的1个或多文件和文件夹，单击鼠标右键，从出现的快捷菜单中选择【检查链接】|【选择文件/文件夹】命令，即可在"链接检查器"面板中显示出"断掉的链接"报告，如图10-25所示。

图10-25　只检测部分文件和文件夹的链接

4．修复链接

（1）获得链接报告后，可直接在"链接检查器"面板中修复断开的链接和图像引用，也可以从列表中打开文件，然后在"属性检查器"中修复链接。在"链接检查器"面板的"断掉的链接"列表中选中要修复的断开的链接，将在断开的链接右侧出现一个文件夹图标，如图10-26所示。

（2）单击断开的链接右侧的文件夹图标，将出现"选择文件"对话框，可以在其中选择正确的链接目标文件，如图10-27所示。也可以直接输入正确的目标路径和文件名。

图10-26　选择要修复的链接

图10-27　选择正确的链接目标文件

（3）单击【确定】按钮，即可修复链接。修复选定的链接后，将出现如图10-28所示的系统消息框，询问是否修正余下的引用该文件的非法链接，只需单击【是】按钮，即可按提示修复。

（4）用同样的方法修复其他链接，完成全部链接修复后，"链接检查器"面板中将不再出现错误的链接，如图10-29所示。

图10-28 系统消息框

图10-29 修复全部链接后的"链接检查器"面板

> **提示**：利用"属性"面板，也可以修复链接。在"链接检查器"面板中双击"文件"列表中需要修复的条目，将打开该链接涉及的文档并选择断开的图像或链接。同时，在"属性检查器"中高亮显示出路径和文件名，只需在"属性"面板的"链接"文本框中设置正确的链接路径和文件名即可，如图10-30所示。

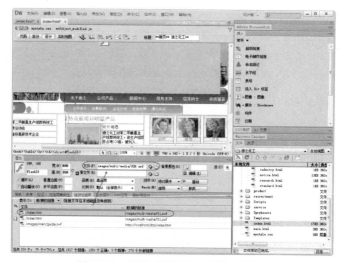
图10-30 利用"属性"面板修复链接

10.3 实例：上传"迪之化工"网站（发布网站）

设计制作完成的网页文件，需要上传到远程服务器中。只有发布网站（也称为站点），其他人才能通过Internet来访问该网站。发布网站的方式很多，并且是一种经常性的持续工作。Dreamweaver CS6的网站管理功能不仅针对本地站点进行管理，也能进行上传网站、远程管理和同步等操作。本节以上传"迪之化工"网站为例，介绍发布网站的基本方法。

1. 将网站上传到测试服务器

（1）要测试网站发布效果，可以先将网站发布到本地计算机（或本地局域网）的虚拟目录中，使本地计算机或本地局域网中的某台计算机成为测试服务器。对于测试服务器的虚拟目标和IIS配置已经在本书第2课2.1节中做了介绍。在Dreamweaver CS6中打开要上传的网站，从菜单栏中选择【站点】|【管理站点】命令，出现"管理站点"对话框，选中要上传的网站，然后单击【编辑】按钮，如图10-31所示。

第10课 测试、发布和管理站点

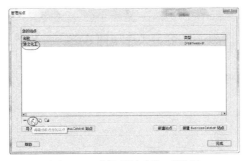

图10-31 "管理站点"对话框

(2) 出现"站点设置对象"对话框，在左侧的列表中选择"服务器"选项，单击下侧的【编辑】按钮，打开服务器设置的"基本"选项卡，在其中设置如图10-32所示的测试服务器的FTP参数。

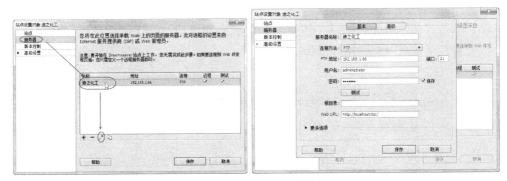

图10-32 设置FTP参数

提示：需要设置的主要FTP参数如下。

- 连接方法：上传一般是使用FTP（文件传输协议）中的文件传输功能来实现的。通过FTP，既能将文件从网络上复制下来，也可以把本地机上的文件传到服务器上去。因此，这里选择FTP作为连接方法。
- FTP地址：输入FTP主机地址，一般输入IP地址。本例设置的是将本机作为测试服务器，本机在局域网中的IP地址是192.168.1.66。
- 用户名：输入用户名。本例输入的是作为测试服务器的本机的Windows登录用户名。
- 密码：输入密码，即本机的Windows登录密码。
- 根目录：输入远端存放网络的路径，一般不需要填写。
- Web URL：用于输入Web站点的URL。Dreamweaver将使用指定的Web URL来创建站点根目录相对链接，并在使用链接检查器时验证这些链接。

(3) 设置好必要的参数后单击【测试】按钮可以测试是否正确，若计算机已正确接入Internet且输入的参数完全正确，则会出现"已成功连接到你的Web服务器"的提示框，如图10-33所示。

(4) 设置完成后单击【保存】按钮保存设置，再在"管理站点"对话框中单击【完成】按钮即可。

(5) 正确设置好站点后。在"文件"面板中单击【展开以显示本地和远端站点】按钮展开"文件"面板，再单击【连接到远端主机】按钮，连接到远端主机，如图10-34所示。

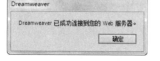

图10-33　提示框　　　　　　　图10-34　展开"文件"面板并连接到远端主机

(6) 单击"文件"面板的【上传文件】按钮，出现一个提示框，提示"您确定要上传整个站点吗？"，如图10-35所示。

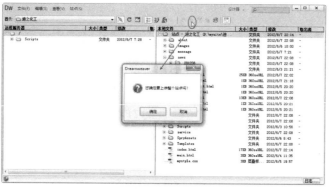

图10-35　提示信息

(7) 单击【确定】按钮，即可开始连接到虚拟服务器，出现如图10-36所示的"后台文件活动"对话框，连接后即可开始上传文件。
(8) 上传完成后，即可在左窗格中看到远端服务器上的文件列表，如图10-37所示。

图10-36　"后台文件活动"对话框　　　　　图10-37　上传效果

第10课 测试、发布和管理站点

(9) 单击【查看站点FTP日志】按钮，将打开"FTP记录"面板，并在其中显示FTP上传的记录，如图10-38所示。

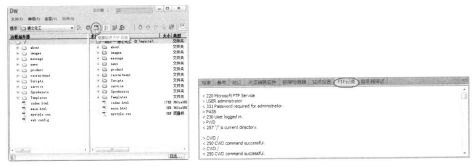

图10-38　查看站点FTP日志

2．将网站上传到远程服务器

(1) 要真正将网站发布到Internet上，让所有上网的人都能访问网站，需要申请一个域名（网址），购买存放网站文件的虚拟空间，并记下FTP主机、用户名和密码等信息，然后在浏览器的地址栏中输入FTP服务器的地址（本例为ftp://dizhic.xicp.net），按下【Enter】键后出现如图10-39所示的登录框，在其中输入FTP服务器的用户名和密码。

(2) 单击【登录】按钮，即可在浏览器窗口中出现指定FTP服务器的根目录信息，如图10-40所示。

图10-39　FTP服务器登录信息　　　图10-40　指定FTP服务器的根目录信息

(3) 在Dreamweaver CS6中使用"管理站点"功能进行必要的站点设置。选择【站点】|【管理站点】命令，出现"管理站点"对话框，选中要上传的站点，然后单击【编辑】按钮，出现"站点设置对象"对话框，在左侧的列表中选择"服务器"选项，在下单击【编辑】按钮，打开服务器设置的"基本"选项卡，在其中设置如图10-41所示的FTP服务器的FTP参数。

(4) 单击【测试】按钮测试FTP服务器的连接情况，效果如图10-42所示。

图10-41 设置FTP服务器的FTP参数

图10-42 服务器测试效果

(5) 测试通过后，单击【保存】按钮返回"站点设置对象"对话框，可以在其中看到当前定义的FTP服务器名称，如图10-43所示。再单击【保存】按钮保存设置，再在"管理站点"对话框中单击【完成】按钮即可完成设置。

(6) 单击"文件"面板上的【上传文件】按钮，即可开始连接到远程的FTP服务器，并上传文件，过程如图10-44所示。

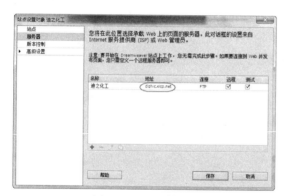
图10-43 设置效果

图10-44 上传文件的过程

(7) 上传完成后，将在"文件"面板的下方出现"文件活动已完成"的提示信息，如图10-45所示。

(8) 上传完成后，在任何一台已经接入Internet的计算机上打开浏览器，在地址栏中输入http://dizhic.xicp.net/，都能进入"迪之化工"网站的形象页面，如图10-46所示。

图10-45 提示信息

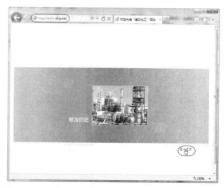
图10-46 进入"迪之化工"网站的形象页面

第10课　测试、发布和管理站点

(9) 单击"进入主页"链接，即可进入"迪之化工"网站的主页，再单击其中的链接，就能访问网站的其他页面，如图10-47所示。

图10-47　进入"迪之化工"网站的主页和其他页面

注意：在本例中，形象页面中的"进入主页"链接是在Flash源文档中利用"动作"功能设置的，若要更改链接，则需要在Flash编辑环境下对动作代码进行设置。

10.4　实例："迪之化工"站点文件管理（管理网站）

使用"文件"面板，可以管理网站的所有文件并能在本地和远程服务器之间传输文件。"文件"面板具有访问站点/服务器/本地驱动器、查看文件/文件夹、管理文件/文件夹、使用站点的可视化地图等功能。本节将对"迪之化工"站点的文件进行管理。

(1) 从菜单栏中选择【窗口】|【文件】命令，打开"文件"面板。单击"文件"面板工具栏最左边的【展开以显示本地和远端站点】按钮 （如图10-48所示），将展开站点"文件"面板。

(2) 进入如图10-49所示的"站点文件"视图后，将显示出"远程服务器"和"本地文件"窗口。

图10-48　单击【展开以显示本地和远端站点】按钮

图10-49　"站点文件"视图

(3) 要管理本地站点的文件内容，可在"本地文件"窗口中单击鼠标右键，从出现的快捷菜单中选择相应的命令进行操作，如图10-50所示。利用其中的选项，可以在本地站点中新建文件或文件夹，也可以对指定的文件或文件进行编辑，还可以上传或存回选定的文件或文件夹等。

(4) 要管理远程站点的文件内容，也可以在"远程服务器"窗口中单击鼠标右键，从出现的快捷菜单中选择相应的命令进行操作，如图10-51所示。

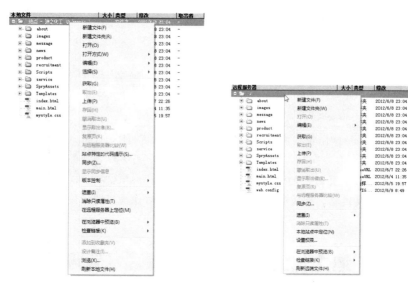

图10-50　本地文件的快捷菜单　　　　图10-51　远程服务器的快捷菜单

(5) 比如，要删除远程服务器的部分文件，只需在"远程服务器"窗口中选定这些文件，然后单击鼠标右键，从出现的快捷菜单中选择【编辑】|【删除】命令即可，如图10-52所示为删除过程。

图10-52　删除过程

(6) 单击【测试服务器】按钮，将出现"测试服务器"视图，其中将显示出"测试服务器"和"本地文件"窗口，如图10-53所示。要查看测试服务器上的文件，必须定义测试服务器。

第10课 测试、发布和管理站点

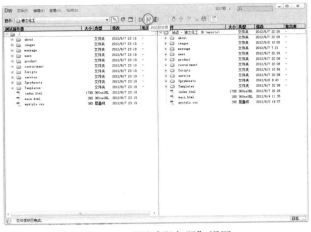

图10-53 "测试服务器"视图

(7) 在"文件"面板中,可以进行连接/断开连接、刷新本地和远程目录列表、下载文件、上传文件、取出文件、存回文件等操作。这些操作是使用如图10-54所示的工具栏来完成的。

图10-54 "文件"面板工具栏

提示:工具栏上各个工具的功能如下。

- 【连接/断开】按钮：单击"文件"面板上方的【连接/断开】按钮，可以连接到远程站点或断开与远程站点的连接。默认情况下，如果Dreamweaver已空闲 30 分钟以上，则将断开与远程站点的连接。要使用【连接/断开】按钮，需要在站点管理中正确设置"远程信息"，并通过"测试"功能来连接上远端站点。要设置"远程信息"，需要申请一个存放网站的空间，同时获得上传站点的FTP服务器地址及账号、密码。

- 【刷新】按钮：单击"文件"面板上方的【刷新】按钮，将手动刷新本地和远程目录列表。如果已取消选择"站点定义"对话框中的"自动刷新本地文件列表"或"自动刷新远程文件列表"，则需要使用该按钮来手动刷新目录列表。

- 【"站点文件"视图】按钮：单击"文件"面板上方的【"站点文件"视图】按钮，将显示"站点文件"视图。该视图是"文件"面板的默认视图。

- 【"测试服务器"视图】按钮：单击"文件"面板上方的【"测试服务器"视图】按钮，将显示"测试服务器"视图。

- 【"存储库"视图】按钮：单击"文件"面板上方的【"存储库"视图】按钮，将显示"存储库"视图。

- 【获取文件】按钮：单击"文件"面板上方的【获取文件】按钮，可以将选定文件从远程站点复制到本地站点。

- 【上传文件】按钮：单击"文件"面板上方的【上传文件】按钮，可以将选定的文件从本地站点复制到远程站点。

- 【取出文件】按钮：单击"文件"面板上方的【取出文件】按钮，可以将文件的副本从远程服务器传输到本地站点，并且在服务器上将该文件标记为取出。如果对当前站点关闭了"站点定义"对话框中的"启用文件存回和取出"，则此按钮不可用。

- 【存回文件】按钮：单击"文件"面板上方的【存回文件】按钮，可以将本地文件的副本传输到远程服务器，并且使该文件可供他人编辑。本地文件变为只读。如果对当前站点关闭了"站点定义"对话框中的"启用文件存回和取出"，则此按钮不可用。

- 【同步】按钮：单击"文件"面板上方的【同步】按钮，可以同步本地和远程文件夹之间的文件。

- 【扩展/折叠】按钮：单击"文件"面板上方的【扩展/折叠】按钮，可以展开或折叠"文件"面板，折叠后将显示一个空格，而展开后会显示两个窗格。

10.5 实例："迪之化工"的维护（维护网站）

将站点上传到服务器后，还应根据需要对站点文件进行维护和管理。网站日常的维护工作由技术维护和信息维护两个方面组成。技术维护主要是对服务器软件/硬件、网页链接等进行定期检查，以便发现和解决问题；而信息维护主要是对网站内容进行经常更新。具体维护时，可以利用Dreamweaver从服务器获取文件，也可以遮盖文件和文件夹，还可以进行文件同步以及存回/取出文件。本节以"迪之化工"的基本维护操作为例，介绍维护网站的主要内容和基本方法。

1. 从服务器获取文件

(1) 使用【获取】命令可以将文件从远程站点复制到本地站点。可以使用"文件"面板或"文档"窗口来获取文件。在"文件"面板的"远端服务器"窗口中选择要下载的一个或多个文件（或文件夹）。

(2) 单击"文件"面板工具栏上的【获取文件】按钮，出现"相关文件"对话框，询问是否获取相关文件，如图10-55所示。

图10-55 获取文件

(3) 要下载相关文件，可单击【是】按钮，出现如图10-56所示的下载进程。要跳过这些文件，只需单击【否】按钮。

第10课　测试、发布和管理站点

(4) 除了本课10.3节介绍的上传整个站点外，还可以使用"文件"面板将部分文件或文件夹从本地站点上传到远端站点上。先在"文件"面板中选择要上传的文件，然后单击"文件"面板工具栏上的【上传文件】按钮（如图10-57所示），在出现的"相关文件"对话框后，只需单击【是】按钮即可。

图10-56　下载选定文件的进程　　　图10-57　上传选定的文件（或文件夹）

提示：如果被上传的文件尚未保存，单击【上传文件】按钮后会出现一个对话框，提示在将文件上传到远端服务器之前进行保存。单击【是】按钮保存文件，或者单击【否】按钮将以前保存的版本上传到远端服务器上。

2．文件传输的管理

(1) 可以查看文件传输操作的状态，以及被传输的文件和传输结果列表。还可以保存文件活动日志。要在文件传输过程中取消传输，可在"后台文件活动"对话框（如图10-58所示）中单击【取消】按钮或关闭"后台文件活动"对话框。要在传输期间隐藏"后台文件活动"对话框，只需单击"后台文件活动"对话框中的【隐藏】按钮。

(2) 要查看最近文件传输的详细信息，只需单击"文件"面板底部的【日志】按钮，打开"后台文件活动"对话框，然后单击【详细】扩展按钮即可，如图10-59所示。

图10-58　"后台文件活动"对话框　　　图10-59　查看文件传输的详细信息

(3) 要保存最近文件传输的日志，可以单击"文件"面板底部的【日志】按钮，打开"后台文件活动"对话框，如图10-60所示。单击其中的【保存记录】按钮，将信息保存为文本文件。保存后，可以在Dreamweaver或任何文本编辑器中打开日志文件来查看文件活动。

3．遮盖文件和文件夹

(1) 在"文件"面板中选择"迪之化工"站点，再从站点中选择任意一个文件或文件夹。

(2) 右击选中的文件或文件夹，从出现的快捷菜单中选择【遮盖】|【设置】命令，从"站点设置对象"对话框左侧的"高级设置"列表中选择"遮盖"选项。选择或取消"启用遮盖"复选框，如图10-61所示。单击【确定】按钮即可对该站点启用或禁用遮盖功能。

图10-60　最近文件传输的记录

图10-61　启用或禁用站点遮盖功能

> 提示：利用站点遮盖功能，可以在"获取"或"上传"等操作中排除某些文件夹和文件类型。可以遮盖单独的文件夹。要遮盖文件，可以先选择文件类型，选择后，Dreamweaver会遮盖该类型的所有文件。同时，Dreamweaver会记住每个站点的设置，不必每次在该站点上工作时都进行选择。

4．文件同步

(1) 在"文件"面板中选择"迪之化工"站点，选中其中的部分文件或文件夹。如果要同步整个站点，则不必选定文件夹。

(2) 单击"文件"面板右上角的面板菜单按钮，从出现的面板菜单中选择【站点】|【同步】命令，打开"同步文件"对话框，如图10-62所示。

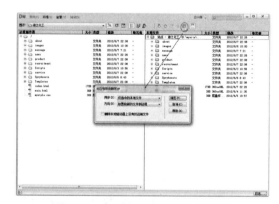
图10-62　打开"同步文件"对话框

第10课　测试、发布和管理站点

提示：某个网站经过多次上传和更新之后，可能会使远程网站中增加了很多无用的旧文件，此时就可以借助文件同步功能来同步更新网站。在本地和远端站点上创建文件后，可以在这两种站点之间进行文件同步。在同步站点之前，可以验证要上传、获取、删除或忽略哪些文件。Dreamweaver还将在完成同步后确认对哪些文件进行了更新。

(3) 设置好参数后单击【预览】按钮，出现"同步"对话框，其中显示了将要同步的文件，如图10-63所示。可以在执行同步前更改对这些文件进行的动作（上传、获取、删除和忽略）。

提示：如果所有文件都已同步，则Dreamweaver会提示不必进行同步，如图10-64所示。

图10-63　"同步"对话框

图10-64　提示不必进行同步

(4) 在如图10-65所示的"同步"下拉菜单中，可以选择"整个'站点名称'站点"选项，或者选择"仅选中的本地文件"选项。

(5) 还可以从如图10-66所示的"方向"下拉菜单中选择复制文件的方向。选择"放置较新的文件到远程"选项，将上传在远端服务器上不存在的或自从上次上传以来已更改的所有本地文件；选择"从远程获得较新的文件"，可以下载本地不存在的或自从上次下载以来已更改的所有远端文件；选择"获得和放置较新的文件"选项，可以将所有文件的最新版本放置在本地和远端站点上。

图10-65　"同步"下拉菜单

图10-66　"方向"下拉菜单

(6) 利用"删除本地驱动器上没有的远端文件"复选框，可以选择是否在目的地站点上删除在原始站点上没有副本的文件。

(7) 单击【预览】按钮，可以预览当前设置的执行情况。如果每个选定文件的最新版本都已位于本地和远端站点并且不需要删除任何文件，则将显示一个警告框，提示用户不需要进行任何同步。否则，将会出现"同步"对话框。

(8) 单击【确定】按钮，即可开始同步文件。

5．存回/取出

(1) 如果网站需要多个人协作工作，可以使用"存回/取出"功能在本地和远端站点之

间传输文件。从菜单栏中选择【站点】|【管理站点】命令，出现"管理站点"对话框。

(2) 选择要设置的站点，然后单击【编辑】按钮，出现"站点设置对象"对话框。

(3) 从左侧的列表中选择"服务器"类别，在右窗格出现服务器信息，双击其中的"服务器"名称，切换到"高级"选项卡，将出现如图10-67所示的服务器设置选项，在其中可设置"存回/取出"参数。

(4) 输入取出名称。取出名称将显示在"文件"面板中已取出文件的旁边。输入电子邮件地址后，名称会以链接形式出现在"文件"面板中的该文件旁边。最后，单击【确定】按钮完成设置。

(5) 再进入"管理站点"对话框，从"服务器"的"基本"选项卡的"连接方法"下拉列表中选择WebDAV选项，如图10-68所示。

图10-67　"存回/取出"参数

图10-68　设置连接方法为WebDAV

(6) 根据需要指定Dreamweaver连接到WebDAV服务器的URL、用户名和密码。单击【确定】按钮完成设置。

> 提示：取出一个文件相当于声明"我正在处理这个文件，请不要动它！"。文件被取出后，Dreamweaver会在"文件"面板中显示取出这个文件，并在文件图标的旁边显示一个红色选中标记或一个绿色选中标记。存回文件的目的是使该文件可供其他小组成员取出和编辑。在编辑文件后将其存回时，本地版本将变为只读，一个锁形符号出现在"文件"面板上该文件的旁边，以防止更改该文件

(7) 设置完存回/取出系统后，可以使用"文件"面板或"文档"窗口将文件存回远端文件夹或者从远端文件夹中取出文件。在"文件"面板中，选择要从远端服务器取出的文件。

(8) 单击"文件"面板工具栏上的【取出】按钮，在出现的"相关文件"对话框中单击【是】按钮，即可将相关文件随选定文件一起下载；或者单击【否】禁止下载相关文件。

(9) 确定取出后，在本地文件图标的旁边将出现一个绿色选中标记，表示已将其取出。

(10) 要存回文件，可在"文件"面板中选择要存回的文件。

(11) 单击"文件"面板工具栏上的【存回】按钮。

第10课 测试、发布和管理站点

(12) 在出现的"相关文件"对话框中单击【是】按钮，便可将相关文件随选定文件一起存回。如果单击【否】按钮，将禁止存回相关文件。
(13) 完成存回操作后，在本地文件图标的旁边将出现一个锁形符号，表示该文件现在为只读状态。

> **提示**：取出一个文件后，如果不再进行编辑，可以撤销取出操作，使文件返回到原来的状态。撤销文件取出的方法很简单，只需在"文档"窗口中打开文件，然后选择【站点】|【撤销取出】命令即可使该文件的本地副本成为只读文件，而对它进行的任何更改都会丢失。

6．使用设计备注

(1) 设计备注是一个独立保存的文件，它可以提供页面文件的说明信息。创建设计备注后，在"文件"面板的"备注"列中将出现"设计备注"图标。进入"设置站点对象"对话框，从左侧的列表中选择"设计备注"选项，选中"启用上传并共享设计备注"复选框，如图10-69所示。设置后单击【确定】按钮即可。

图10-69 选中"启用上传并共享设计备注"复选框

(2) 启用设计备注后，可以为站点中的每个文档或模板创建设计备注文件，还可以为文档中的Applet、ActiveX 控件、图像、Flash内容、Shockwave对象以及图像域创建设计备注。方法是，在"文档"窗口中打开文件，然后选择【文件】|【设计备注】命令，出现如图10-70所示"设计备注"对话框。
(3) 在"基本信息"选项卡中，可以从如图10-71所示的"状态"下拉列表中选择文档的状态。

图10-70 "设计备注"对话框

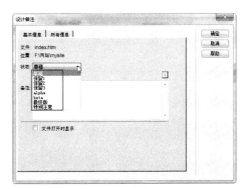
图10-71 "状态"下拉列表

(4）单击【日期】图标，然后在备注中插入当前本地日期，如图10-72所示。
(5）在"备注"文本框中，根据需要输入注释。
(6）选中"文件打开时显示"选项，可以在每次打开文件时显示设计备注文件。
(7）在如图10-73所示的"所有信息"选项卡中，单击【添加项】按钮 可以添加新的键/值对；选择一个键/值对并单击【删除项】按钮 可以将其删除。
(8）设置完成后，单击【确定】按钮即可保存备注。备注保存到名为_notes的文件夹中，并与当前文件处在相同的位置。设计备注文件名是文件名加上.mno扩展名。例如，如果文件名是index.html，则关联的设计备注文件名为index.html.mno。

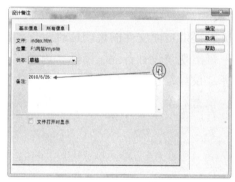

图10-72 插入当前本地日期

图10-73 "所有信息"选项卡

(9）将设计备注关联到文件后，可以打开设计备注，更改它的状态或者删除它。

课后练习

1．完善你所制作的网站的页面，然后对站点进行测试。
2．对你的站点中的链接进行检查，然后修复其中的异常链接和错误链接。
3．申请一个免费空间，然后将你的站点发布到Internet上。
4．使用"文件"面板，对你的站点文件进行统一管理和维护。

反侵权盗版声明

电子工业出版社依法对本作品享有专有出版权。任何未经权利人书面许可，复制、销售或通过信息网络传播本作品的行为；歪曲、篡改、剽窃本作品的行为，均违反《中华人民共和国著作权法》，其行为人应承担相应的民事责任和行政责任，构成犯罪的，将被依法追究刑事责任。

为了维护市场秩序，保护权利人的合法权益，我社将依法查处和打击侵权盗版的单位和个人。欢迎社会各界人士积极举报侵权盗版行为，本社将奖励举报有功人员，并保证举报人的信息不被泄露。

举报电话：（010）88254396；（010）88258888

传　　真：（010）88254397

E-mail：　dbqq@phei.com.cn

通信地址：北京市海淀区万寿路173信箱
　　　　　电子工业出版社总编办公室

邮　　编：100036